畜禽健康高效养殖环境手册

丛书主编：张宏福 林 海

奶牛健康高效养殖

环境手册

孙小琴 顾宪红 赵 辛◎主编

中国农业出版社

北 京

内 容 简 介

　　本书通过奶牛生产相关环境因子的阐述，介绍了奶牛舒适环境的评价方法、评价指标及控制参数和控制措施，旨在为生产中奶牛舒适饲养环境的缔造提供参考和依据。全书共有五章，主要内容是在阐述国内外奶牛主要饲养方式和牛舍建筑的基础上，介绍了奶牛常用饲养设施及其对奶牛福利的影响；介绍了与奶牛饲养密切相关的环境因子，如温热环境、空气环境和饲养密度时，阐述了这些环境因子对奶牛生产、生理和健康的影响；介绍了国内外评估奶牛温热环境、空气环境和饲养密度舒适与否的主要方法和指标；在汇总、整理"十三五'奶牛水牛舒适环境适宜参数与限值'"课题研究结果和国内外最新文献的基础上，给出了我国奶牛饲养环境控制的主要参数和措施；在全书最后，结合奶牛饲养环境控制实践，给出了4个奶牛环境控制典型案例，以供生产参考和借鉴。

丛书编委会

主任委员：杨振海（农业农村部畜牧兽医局）

李德发（中国农业大学）

印遇龙（中国科学院亚热带农业生态研究所）

姚　斌（中国农业科学院北京畜牧兽医研究所）

王宗礼（全国畜牧总站）

马　莹（中国农业科学院北京畜牧兽医研究所）

主　　编：张宏福（中国农业科学院北京畜牧兽医研究所）

林　海（山东农业大学）

编　　委：张宏福（中国农业科学院北京畜牧兽医研究所）

林　海（山东农业大学）

张敏红（中国农业科学院北京畜牧兽医研究所）

陈　亮（中国农业科学院北京畜牧兽医研究所）

赵　辛（加拿大麦吉尔大学）

张恩平（西北农林科技大学）

王军军（中国农业大学）

颜培实（南京农业大学）

施振旦（江苏省农业科学院畜牧兽医研究所）

谢　明（中国农业科学院北京畜牧兽医研究所）

杨承剑（广西壮族自治区水牛研究所）

黄运茂（仲恺农业工程学院）

臧建军（中国农业大学）

孙小琴（西北农林科技大学）

顾宪红（中国农业科学院北京畜牧兽医研究所）

江中良（西北农林科技大学）

赵茹茜（南京农业大学）

张永亮（华南农业大学）

吴　信（中国科学院亚热带农业生态研究所）

郭振东（军事科学院军事医学研究院军事兽医研究所）

本书编写人员

主　　编：孙小琴（西北农林科技大学）

顾宪红（中国农业科学院北京畜牧兽医研究所）

赵　辛（加拿大麦吉尔大学）

副 主 编：杨明明（西北农林科技大学）

齐智利（华中农业大学）

参　　编：曹志军（中国农业大学）

南雪梅（中国农业科学院北京畜牧兽医研究所）

孙　鹏（中国农业科学院北京畜牧兽医研究所）

杨明明（西北农林科技大学）

边四辈（诺伟司国际公司）

李艳华（北京首农畜牧发展有限公司奶牛中心）

麻　柱（北京奶牛中心）

石宝庆（北京东石北美牧场科技有限公司）

张纯锋［安乐福（中国）智能科技有限公司］

序一

畜牧业是关系国计民生的农业支柱产业，2020 年我国畜牧业产值达 4.02 万亿元，畜牧业产业链从业人员达 2 亿人。但我国现代畜牧业发展历程短，人畜争粮矛盾突出，基础投入不足，面临"养殖效益低下、疫病问题突出、环境污染严重、设施设备落后"4 大亟需解决的产业重大问题。畜牧业现代化是农业现代化的重要标志，也是满足人民美好生活不断增长的对动物性食品质和量需求的必由之路，更是实现乡村振兴的重大使命。

为此，"十三五"国家重点研发计划组织实施了"畜禽重大疫病防控与高效安全养殖综合技术研发"重点专项（以下简称"专项"），以畜禽养殖业"安全、环保、高效"为目标，面向"全封闭、自动化、智能化、信息化"发展方向，聚焦畜禽重大疫病防控、养殖废弃物无害化处理与资源化利用、养殖设施设备研发 3 大领域，贯通基础研究、共性关键技术研究、集成示范科技创新全链条、一体化设计布局项目，研究突破一批重大基础理论，攻克一批关键核心技术，示范、推广一批养殖提质增效新技术、新方法、新模式，推进我国畜禽养殖产业转型升级与高质量发展。

养殖环境是畜禽健康高效生长、生产最直接的要素，也是"全封闭、自动化、智能化、信息化"集约生产的基础条件，但却是长期以来我国畜牧业科学研究与技术发展中未予充分重视的短板。为此，"专项"于2016年首批启动的5个基础前沿类项目中安排了"养殖环境对畜禽健康的影响机制研究"项目。旨在研究揭示畜禽舍温热、有害气体、光照、群体密度、空气颗粒物气溶胶5类主要环境因子及其对畜禽生长、发育、繁殖、泌乳、健康影响的生物学机制，提出10种主要畜禽高密度养殖环境参数及其多元化控制模型，为我国不同气候生态区安全、高效养殖畜禽舍建设、环境控制提供依据，支撑"全封闭、自动化、智能化、信息化"养殖方式发展重大需求。

以张宏福研究员为首席科学家，由36个单位、94名骨干专家组成的项目团队，历时5年"三严三实"攻坚克难，取得了一批基础理论研究成果，发表了多篇有重要影响力的高水平论文，出版的《畜禽环境生物学》专著填补了国内外在该领域的空白，出版的"畜禽健康高效养殖环境手册"丛书是本专项基础前沿理论研究面向解决产业重大问题、支撑产业技术创新的重要成果。该丛书包括：猪、奶牛、肉牛、水牛、肉羊（绵羊、山羊）、蛋鸡、肉鸡、肉鸭、蛋鸭、鹅共 11 种畜禽的 10 个分册。各分册针对具体畜种阐述了现代化养殖模式下主要环境因子及其特点，提出了各环境因子的控制要求和标准；同时，图文并茂、视频配套地提供了先进的典型生产案例，以增强图书的可读性和实用性，可直接用于指导"全封闭、自动化、智能化、信息化"养殖场舍建设和环境控制，是畜牧业转型升级、高质量发展所急需的工具书，填补了国内外在畜禽健康养殖领域环境控制图书方面的空白。

"十三五"国家重点研发计划"养殖环境对畜禽健康的影响机制研究"项目聚焦"四个面向"，凝聚一批科研骨干，带动畜禽环境科学研究，是专项重要的亮点成果。但养殖场舍环境因子的形成和演变非常复杂，养殖舍环境因子对畜禽生产、健康乃至疫病防控的影响至关重要，多因子耦合优化调控还需要解决一系列技术经济工程难题，环境科学也需要"理论—实践—理论"的不断演进、螺旋式上升发展。因此，

3

希望国家相关科技计划能进一步关注、支持该领域的持续研究，也希望项目团队能锲而不舍，抓住畜禽健康养殖和重大疫病防控"环境"这个"牛鼻子"继续攻坚，为我国畜牧业的高质量发展做出更大贡献。

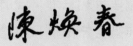

2021 年 8 月

序二

　　畜牧业是关系国计民生的重要产业，其产值比重反映了一个国家农业现代化的水平。改革开放以来，我国肉蛋奶产量快速增长，畜牧业从农村副业迅速成长为农业主导产业。2020年我国肉类总产量7 639万t，居世界第一；牛奶总产量3 440万t，居世界第三；禽蛋产量3 468万t，是第二位美国的5倍多。但我国现代畜牧业发展时间短、科技储备和投入不足，与发达国家相比，面临养殖设施和工艺水平落后、生产效率低、疫病发生率高、兽药疫苗用量较多等影响提质增效的重大问题。

　　养殖环境是畜禽生命活动最直接的要素，是畜禽健康高效生产的前置条件，也是我国畜牧业高质量发展的短板。2020年9月国务院印发的《关于促进畜牧业高质量发展的意见》中要求，加快构建现代养殖体系，制定主要畜禽品种规模化养殖设施装备配套技术规范，推进养殖工艺与设施装备的集成配套。

　　养殖环境是指存在于畜禽周围的可以直接或间接影响畜禽的自然与社会因素的集合，包括温热、有害气体、光、噪

1

声、微生物等物理、化学、生物、群体社会诸多因子，以及复杂的动态变化和各因子间互作。同时，养殖业高质量发展对环境的要求也越来越高。因此，畜禽健康高效养殖环境诸因子的优化耦合控制不仅是重大的生产实践难题，也是深邃的科学研究难题，需要实践—理论—实践的螺旋式发展，不断积累丰富、不断提升完善。

"十三五"国家重点研发计划"畜禽重大疫病防控与高效安全养殖综合技术研发"专项将"养殖环境对畜禽健康的影响机制研究"列入基础前沿类项目（项目编号：2016YFD0500500），并于2016年首批启动。旨在研究揭示畜禽舍温热、有害气体、光照、群体密度、空气颗粒物气溶胶5类主要环境因子，以及影响畜禽生长、发育、繁殖、泌乳、健康的生物学机制，提出11种主要畜禽高密度养殖环境参数及其多元化控制模型，为我国不同气候生态区安全、高效养殖畜禽舍建设、环境控制提供依据，支撑"全封闭、自动化、智能化、信息化"现代养殖方式发展的重大需求。项目组联合全国36个单位、94名专家协同攻关，历时5年，取得了一批重要理论和专利成果，发表了一批高水平论文，出版了《畜禽环境生物学》专著，制定了一批标准，研发了一批新技术产品，对畜牧业科技回归"以养为本"的创新方向起到了重要的引领作用。

"畜禽健康高效养殖环境手册"丛书是在"养殖环境对畜禽健康的影响机制研究"项目各课题系统总结本项目基础理论研究成果，梳理国内外科学研究积累、生产实践经验的基础上形成的，是本项目研究的重要成果。丛书的出版，既体现了重点研发专项一体化设计、总体思路实施，也反映了基础前沿研究聚焦解决产业重大问题、支撑产业创新发展宗旨。丛书共 10 个分册，内容涉及猪、奶牛、肉牛、水牛、肉羊（绵羊、山羊）、蛋鸡、肉鸡、肉鸭、蛋鸭、鹅共 11 种畜禽。各分册针对某一畜禽论述了现代化养殖模式、主要环境因子及其特点，提出了各环境因子的控制要求和标准，力求"创新性、先进性"，希望为现代畜牧业的高质量发展提供参考。同时，图文并茂、视频配套的写作方式及先进的典型生产案例介绍，增加了丛书的可读性和实用性。但不同畜禽高密度养殖的生产模式、技术方向迥异，特别是肉牛、肉羊、奶牛、鹅等畜种不适宜全封闭养殖。因此，不同分册的体例、内容设置需要考虑不同畜禽的生产养殖实际，无法做到整齐划一。

丛书出版是全体编著人员通力协作的成果，并得到了华沃德源环境技术（济南）有限公司和北京库蓝科技有限公司的友情资助，在此一并表示感谢！

尽管丛书凝聚了各编著者的心血，但编写水平有限，书中难免有错漏之处，敬请广大读者批评指正。

我们期望丛书的出版能为我国畜禽健康高效养殖发展有所裨益。

丛书编委会

2021 年春

在奶牛规模化生产条件下，饲养环境控制已成为奶牛养殖的基本要求，控制效果直接影响奶牛健康和牛奶的安全生产，环境舒适与否正在成为评价奶牛健康及其生产潜力的重要依据。环境温湿度、太阳辐射、风速、光照和有害气体等环境因子可单独或综合作用于奶牛，对奶牛产生有利或有害的影响。而环境因子的有害影响一旦超过了奶牛本身的承受限度，就会造成奶牛生理机能失调，影响泌乳量、乳成分和繁殖机能，甚至引发疾病或死亡。高温是危害奶牛健康和生产的首要环境因子。受夏季高温热应激的影响，产奶量损失可达10%～35%，严重影响牧场经济效益。随着全球气候变暖和极端高温事件频发，热应激正在成为影响奶业生产的重要因素，如何让奶牛在舒适的环境中生产是未来牧场面临的重大挑战。

我国是世界第三大乳业生产国和第二大乳品消费国，乳业发展前景广阔。但与欧美国家奶牛养殖业相比，我国在奶牛环境控制方面的研究相对薄弱，环境控制设施和技术的应用才刚刚起步。但我们也看到，当前我国奶牛环境评价体系和评价指标正在不断完善，环境控制设备和控制技术快

速发展，环境数据实时监测、牛体数据连续采集及环境控制设备的自动化、智能化和远程化控制时代已经到来。这都为奶牛饲养环境的高效、合理和精准控制提供了基础，为牧场降低环境影响、确保奶牛健康生产提供了前提和保障。另外，我国目前还缺乏系统性介绍奶牛饲养环境理论和应用的书籍。鉴于此，在"十三五""奶牛水牛舒适环境适宜参数与限值"课题研究的基础上，特组织项目骨干和一些企业管理及技术人员共同编写了《奶牛健康高效养殖环境手册》一书。全书结合了课题研究结果和国内外最新文献，并采用了大量生产图片和视频，图文并茂、深入浅出地阐述了与奶牛饲养环境相关内容，期望能为奶牛饲养过程中的环境控制提供参考。

本书在编写过程中，学生王靖俊、马韶阳、宋振华、侯宇在书稿整理、数据汇总和图表制作方面做了大量工作，一些牧场技术人员为本书提供了大量图片和视频资料，在此一并致谢！同时，由于篇幅所限，书中只列出了主要参考文献，对于引用但未列出的文献在此表示衷心地致谢。

本书的编写人员都是从事奶牛生产相关领域的教学、科研和技术人员，为保证书稿质量，花费了大量的时间与精力。但由于水平所限，难免有错漏之处，望读者多提指正意见，以便修订时完善。

编者

2021 年 5 月

目录

序一

序二

前言

第一章　奶牛饲养方式与设施 /1

第一节　奶牛饲养方式及牛舍类型 /1

一、饲养方式 /1

二、牛舍类型 /6

第二节　奶牛饲养设施与设备 /12

一、牛舍饲养设施 /12

二、环境控制设施 /20

三、粪污处理设施 /29

四、其他设施 /36

第三节　奶牛福利与饲养设施 /36

一、奶牛福利 /36

二、饲养设施 /37

第二章　饲养环境及其对奶牛的影响 /43

第一节　温热环境及其对奶牛的影响 /43

一、温热环境因子 /44

二、温热环境对奶牛的影响 /48

第二节　空气环境及其对奶牛的影响 /53

一、空气环境 /53

二、空气环境对奶牛的影响 /57

第三节　饲养密度及其对奶牛的影响 /60

一、饲养密度 /60

二、饲养密度对奶牛的影响 /61

第三章　奶牛饲养环境影响评价 /68

第一节　温热环境影响评价 /68

一、基于气象参数的环境影响评价 /68

二、基于奶牛相关指标的环境影响评价 /70

三、基于环境指数的环境影响评价 /74

第二节　空气环境环境影响评价 /87

一、温室气体排放影响评价 /87

二、有害气体排放影响评价 /89

三、颗粒物和微生物影响评价 /91

第三节　饲养密度影响评价 /92

第四章　奶牛饲养环境控制参数与 控制措施 /94

第一节　饲养环境控制参数 /94

一、气象参数 /94

二、环境指数和生理指标 /95

三、有害气体标准 /96

第二节　饲养环境控制措施 /96

一、防暑降温措施 /96

二、防寒保暖措施 /100

三、空气污染物减排措施　/104

第五章　奶牛饲养环境控制案例　/108

第一节　奶牛防暑降温案例　/108

一、智能环控系统简介　/108

二、应用效果展示　/110

第二节　犊牛防寒保暖案例　/112

一、防寒保暖措施　/112

二、护理与饲养措施　/114

第三节　牛场氨气减排案例　/115

一、减排措施　/115

二、减排效果　/117

第四节　奶牛福利控制案例　/119

一、饲槽采食与奶牛福利　/119

二、卧床数量与奶牛福利　/120

三、饮水与奶牛福利　/121

四、刻板行为与奶牛福利　/121

主要参考文献　/123

第一章
奶牛饲养方式与设施

　　饲养者需结合当地的气候条件、圈舍构造、建筑成本、劳动力资源、长期维护和保养成本及投资回报等实际情况，选择合适的奶牛饲养方式，规划建设一个布局合理、配套设施完善的牧场，并采取合理的饲养管理措施，确保奶牛健康、高效和优质生产。奶牛生产中，福利和环境保护已经成为乳品质量和乳业生产可持续发展的重要组成部分，奶牛饲养方式和设施正在向有利于改善奶牛福利和保护生态环境的方向发展。

第一节　奶牛饲养方式及牛舍类型

一、饲养方式

　　受生产技术进步、养殖需求、社会和环境变化的影响，现代奶牛的饲养方式发生了很大变化，目前主要有放牧、舍饲、半放牧半舍饲和自由行走共4种。选择哪种饲养方式取决于草场、土地资源和气候等因素，且不同国家和地区由于奶牛养殖需求和要求不同，因此饲养方式也不同。

（一）放牧

　　放牧饲养以奶牛全年在草场采食牧草为特点，适合土地和草场

资源丰富且气候温和、湿润的国家和地区。放牧奶牛的生产具有季节性，一般冬季为干奶期，春季集中产犊，冬、春季缺青时需要补饲谷物、青干草、青贮牧草或秸秆（图1-1）。放牧的最大优势是生产成本低、奶牛舒适度高、牛奶品质好。但由于牧草含水量较高，无法满足高产奶牛的营养需求，故放牧不适合高产奶牛饲养。鉴于新鲜牧草在乳脂优化方面的作用，放牧成了欧美一些国家生产有机牛奶或高档牛奶的重要措施，如美国有机山谷的生产过程中禁止使用谷物，要求奶牛采用100％放牧方式生产。现代奶牛放牧以人工草场、轮牧和挤奶厅集中挤奶为主要特点，完全依靠天然草场的较少。完全放牧时，自然气候条件对奶牛生产的影响较大，可在草场搭建简易棚舍供奶牛躲避风雨。

图1-1　放牧奶牛（A）及秸秆补饲槽（B）

（二）舍饲

舍饲养殖是现代奶牛的主要饲养方式，有拴系式（tie stall barns）、散栏式（free stall barns）和散放式（loose housing）3种。

1. 拴系式饲养　拴系式饲养是20世纪70年代以前欧美国家奶牛的主要饲养方式，也是我国奶牛养殖起始阶段的主要饲养方式。该饲养方式下，奶牛平时可以在运动场自由运动，但在舍内时被固定在床位上并用颈夹或绳索拴系（图1-2）。拴系饲养中，每头奶牛的饲喂、挤奶、刷拭等工作都在同一舍内完成，一般用手工或挤奶机挤奶。奶牛能获得较为充分的休息和采食位置，饲养管理也可以做到精细化，尤其可对高产或病弱奶牛做到特殊饲养。但人力投入多、劳动强度大、劳动生产率低，难以实现机械化操作，不利于规模化养殖，且牛只自由活动受限，福利受到影响，加之奶牛的采食区、休息区和挤奶区没有分开，因此牛奶质量也受到了影响。

图1-2　拴系式饲养
（资料来源：https：//thedairylandinitiative.vetmed.wisc.edu）

2. 散栏式饲养　散栏式饲养是欧美国家20世纪70年代以后奶牛的主要饲养方式，也是我国当前规模化牧场奶牛的主要饲养方式。该饲养方式下，奶牛在不拴系、无固定床位的牛舍内自由活动（图1-3），是一种将自由牛床饲养与挤奶厅集中挤奶相结合的现代化饲养方式。该方式能将奶牛的采食区、休息区和挤奶区分开，可以满足奶牛对生长、生态和生产的不同环境条件的需求，并改奶牛个体饲养为按生理需要分群饲养，以集中挤奶、全混合日粮饲喂和自动化清粪为主要特点，专业化和机械化程度高，有利于实施规模化和标准化养殖。其缺点是不易做到个别饲养管理，且由于牛群共同使用饲槽和饮水设备，因此传染相关疫病的风险增加。

图 1-3　散栏式饲养

3. 散放式饲养　散放式饲养是不用自由卧床或拴系来固定和限制休息空间，奶牛可以在除采食通道以外的整个牛舍或运动场内自由活动和休息，奶牛的每头奶牛的休息空间较大，奶牛的福利水平较高，牛舍建造成本也较低。我国一些散放式饲养牧场是早期建成的小规模牧场，多采用人工或机械清粪，升级后的散放式牧场多采用堆肥垫床牛舍（compost bedded-pack barns），即俗称的"大通铺"卧床饲养（图 1-4）。在牛舍采食通道以外的区域铺设一定厚度的垫料，既可作为牛床又

视频 1

能充当运动场，排泄到卧床上的牛粪通过翻耕（视频 1）进入卧床底层发酵，发酵后可作为新的卧床垫料，以此来减轻牧场粪污处理的压力。卧床垫料一般每隔几年清理一次，清理出来后作为有机肥还田。堆肥垫床模式适合气候干燥少雨的地区，一些规模化牧场的育成牛、干奶牛和围产期奶牛也采用这种方式饲养。有些堆肥垫床牛舍甚至不设采食区，而是将可移动食槽直接放置在垫床上供奶牛采食。

图 1-4　散放式饲养

（三）半放牧半舍饲

除完全放牧或完全舍饲外，一些国家和地区还采用半放牧半舍饲的方式饲养奶牛。例如，一些传统放牧国家或地区，出于提高产奶量和降低环境影响的考虑，也开始在一定程度上结合圈舍来补饲，如新西兰北岛地区、我国的传统牧区等。而欧美一些草场资源丰富的国家，在规模化舍饲的基础上，近年来开始结合一定程度的放牧，利用优质牧草来生产高品质有机牛奶，以提高牛奶附加值和奶牛福利。在我国新疆、内蒙古等草场资源的地区，一些规模化牧场也结合放牧来生产高端乳制品。

（四）自由行走

自由行走（free-walk）式饲养是近年来新兴于欧洲各国的一种奶牛饲养方式，其实质类似于升级版的散放式饲养，或者是在放牧的基础上结合了垫床牛舍的饲养理念和方式，目的是在确保奶牛福利的基础上解决粪肥消纳、土地资源不足的问题。该饲养方式下，

5

奶牛能够在舍内自由行走，或牛舍对接放牧草场入口，能够较好地满足奶牛对饲养空间、运动、休息和社交的需求。自由行走饲养主要使用垫床牛舍、堆肥垫床牛舍或人造地面牛舍（图1-5）。其中，垫床牛舍是在垫床上铺设锯末、木屑、稻壳、豆荚、秸秆、沙子等垫料。而堆肥垫床牛舍以干牛粪或发酵牛粪为垫料，人造地面则是由通透性不同的多层材料组成，表层材料能渗透尿液并保留牛粪，下层为软硬适宜的垫层，在保证奶牛舒适行走的基础上确保能正常清粪，垫层下面为尿液收集盒，连接地下输送管道。此外，为了开发和完善自由行走饲养体系，欧洲设立了FreeWalk项目（https：//www.freewalk.eu/en/freewalk.htm）。因此，奶牛的自由行走饲养未来可能会得到进一步发展和变化，也有可能出现新的饲养方式。

图1-5　自由行走饲养方式下的堆肥垫床牛舍（A）和人造地面牛舍（B）
（资料来源：https：//www.freewalk.eu/en/freewalk.htm）

二、牛舍类型

牛舍是舍饲奶牛主要甚至是唯一的生活场所，直接影响奶牛健康和生产。根据饲养方式、饲养规模和当地气候条件，选择合适的牛舍类型，对于保证奶牛生产性能的发挥和牧场经济效益的提高至关重要。分类方法不同，牛舍类型也不同。

（一）按开放程度分类

按开放程度，可将牛舍分为开放式、半开放式和封闭式三种。

1. 开放式 开放式牛舍也称敞棚式或凉亭式牛舍，只有端墙或四面无墙，靠柱子或钢架支撑形成牛棚，也有三面有墙、正面无墙形式的（图 1-6）。开放式牛舍的优点是遮阳、遮雨和能部分挡风，用材少、施工容易、造价低，舍内采光、通风良好；但其缺点是保暖性差，适用于气候炎热或四季温暖的地区。

图 1-6 开放式牛舍
（资料来源：宝鸡得力康乳业有限公司）

2. 半开放式 半开放式牛舍三面有墙、一面无墙或只有半截墙，也可以四面都只有半截墙而屋顶无墙体支撑（图 1-7），适用于冬季不太寒冷的地区。同时，也可以通过在敞开部分附设卷帘、塑料薄膜、阳光板来封闭牛舍，以防冬季遭遇极端寒冷天气。

3. 封闭式 封闭式牛舍一般四面都有满墙，因此保温性能较好，适合于冬季寒冷的地区。根据有无窗户又分为有窗式封闭牛舍和无窗式封闭牛舍。其中，有窗式封闭牛舍的前后墙有窗户，牛舍靠门、窗和屋顶采光、通风，也可借助机械通风（图 1-8）；而无窗式封闭牛舍则完全依靠人工采光和机械通风，如新型的恒温牛舍

图 1-7　半开放式牛舍
（资料来源：宁夏塞上牧源牧业有限公司）

（图 1-9）。恒温牛舍以大跨度、低屋面、全封闭和横向通风为主要特点，饲养规模大、环境控制能力强，能够为奶牛提供一个相对稳定的舒适环境。这种牛舍规模化效应明显，夏季降温产生的污水较少；但运行成本偏高，且有时难以保证舍内的通风和降温效果，尤其是在我国南方地区。

图 1-8　有窗式封闭式牛舍
（资料来源：首农奶牛中心良种场）

图 1-9   大跨度低屋面恒温牛舍

（二）按屋顶结构分类

按屋顶结构，可将牛舍分为单坡式、双坡式、钟楼式和半钟楼式等类型。

1. 单坡式   该类型牛舍的屋顶只有一个坡向，跨度较小，结构简单，造价低廉，适用于单列牛舍或小规模牛场。这类牛舍采光充分，但净高较低，舍内操作不便。

2. 双坡式   该类型牛舍的屋顶有两个坡向，跨度较大（图 1-10），适用于双列牛舍。这种屋顶形式有利于通风保暖，且易于建造，比较经济，可利用面积大，适用面广。

图 1-10   双坡式牛舍

3. 钟楼式和半钟楼式 这两种牛舍是在双坡式屋顶上增设双侧或单侧天窗的屋顶形式，以加强散热、散湿和通风、采光，多在跨度较大的牛舍采用。钟楼式牛舍（图 1-11）或半钟楼式牛舍的屋架结构复杂，用料较多，造价较高，适用于气候炎热或温暖的地区。

图 1-11　钟楼式牛舍

（资料来源：宁夏塞上牧源牧业有限公司）

（三）按舍内排列方式分类

按舍内排列方式，可将牛舍分为单列式、双列式和多列式。

1. 单列式 该类型牛舍内只有一列，牛舍跨度较小，构造简单，易于管理，多用于小规模家庭饲养奶牛。

2. 双列式 该类型牛舍内有两列，按奶牛站立方向不同，又分为尾对尾式、头对头式或头对尾式。尾对尾式多用于拴系式饲养方式，主要是让奶牛头部朝向窗户，便于通风、采光、挤奶、观察和清理粪污，但饲喂不方便；头对头式的饲养方式饲喂方便，多见于散放式饲养牧场。

3. 多列式 三列及以上的多列式牛舍（图 1-12）多见于散栏式饲养牧场，也有对头或对尾排列。多列式牛舍集约化程度高大，便于机械化操作，但建筑跨度大，造价高。

现有饲养条件下，我国大部分牧场的泌乳牛舍、青年牛舍、

图 1-12 散栏式多列式牛舍

育成牛舍以开放式和半开放式饲养为主，寒冷地区和部分大型规模牧场采用全封闭牛舍。犊牛饲养多配有专门的新生犊保育舍（图 1-13A）或犊牛岛（图 1-13B），哺乳犊牛多采用单栏、单圈或小群饲养。小群（视频 2）一般采用舍内饲养，设置通铺卧床和采食区，每群之间用隔栏分开；断奶犊牛多在断奶犊牛舍分群饲养（图 1-14），舍内设有采食区和通铺卧床，舍外配有运动场。

视频 2

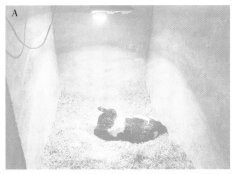

图 1-13 新生犊保育舍（A）和犊牛岛（B）
（资料来源：首农奶牛中心良种场）

图 1-14 分群饲养的哺乳犊牛（A）和断奶犊牛（B）

第二节 奶牛饲养设施与设备

饲养设施是确保奶牛健康舒适和高效优质生产的基础，随着生产方式及科技的发展，奶牛饲养设施日趋完善，饲养设备逐步走向自动化及智能化，在保证奶牛饲养环境舒适的同时，也为牧场带来了低成本和高效率。本节以散栏式饲养方式为例，重点介绍该饲养模式下牛舍饲养设施、环境控制设施和粪污处理设施。

一、牛舍饲养设施

牛舍内的饲养设施主要有自由卧床、地面、颈夹、饲槽和饮水设备等（图 1-15）。

（一）自由卧床

自由卧床是舍内供奶牛休息的独立场所，由床栏（隔栏、挡颈杆、挡胸管、挡墙）和床体

图 1-15 散栏式牛舍的基本饲养设施
（资料来源：宁夏塞上牧源牧业有限公司）

（床基和垫料/床垫）两部分组成（图 1-16）。床栏限定了卧床的尺寸大小，长度由挡胸管到挡墙内缘的距离决定，宽度由两侧分隔栏的距离决定，牛床被粪污污染的程度与挡墙高度有关。卧床从前到后要有 1‰～3‰ 的倾斜度，尺寸要与所躺卧奶牛的体格相适应，并要满足奶牛完成起卧行为所需的前冲空间，过大、过小均不利。不同生产阶段奶牛所需的休息空间不同，卧床尺寸也不同。生产中，可结合牧场实际，参考表 1-1 设置不同生产阶段牛群的卧床尺寸。

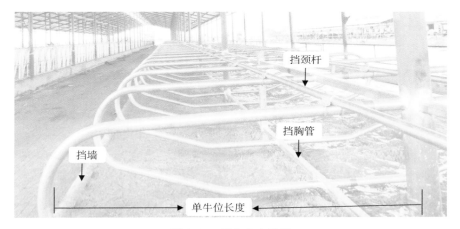

图 1-16　奶牛自由卧床

表 1-1　不同生产阶段牛群卧床配置参数（mm）

牛群	卧床类型	单牛位长度	宽度	挡墙高度
泌乳牛	双列卧床	2 600	1 200	250
	单列卧床	3 100	1 200	250
干奶牛/围产期奶牛	双列卧床	2 600	1 500	250
	单列卧床	3 100	1 500	250
15～24 月龄牛	双列卧床	2 400	1 200	250
	单列卧床	2 900	1 200	250
7～14 月龄牛	双列卧床	1 750～2 300	1 000	200
	单列卧床	2 250～2 800	1 000	200

资料来源：伊利集团奶牛科学研究院。

注：单牛位长度是指挡墙外侧与卧床隔栏预埋立柱中心的距离。

卧床可以做成填充式卧床（图 1-17）或平面卧床（图 1-18）两

种。前者是在床槽内铺设大量垫料，如沙子、再生牛粪或锯末、稻壳和秸秆等。而后者是用床垫、厚橡胶垫等做床面，在床面上铺设少量垫料，可选的床垫种类较多，有橡胶填充垫、泡沫碎胶垫、碎橡胶垫和水床垫等。不同种类垫料和床垫的卧床特点不同，生产中可参考表 1-2 选择合适的卧床类型。

图 1-17　填充式卧床（A：锯末卧床；B：再生牛粪卧床）

图 1-18　平面卧床（A：橡胶垫卧床；B：水床）

（资料来源：https://dairylane.ca/products/cow-comfort/dcc-waterbeds/）

表 1-2　不同类型卧床的特点

特点	填充式卧床			平面卧床	
	沙床	牛粪卧床	有机垫料卧床	填充床垫卧床	厚橡胶垫卧床
优点	松软，奶牛舒适度高；用无机垫料不易孳生细菌；牛体清洁度高，奶牛淘汰率低，初期投资低	柔软，奶牛舒适度高，保暖性能好；实现了粪污资源的再利用；成本低	柔软，奶牛舒适度高，保暖性能好	垫料用量少，维护成本低，对粪污处理的影响小，使用方便	垫料用量少，维护成本低，对粪污处理的影响小，使用方便

（续）

特点	填充式卧床			平面卧床	
	沙床	牛粪卧床	有机垫料卧床	填充床垫卧床	厚橡胶垫卧床
缺点	需定期翻松、填补,维护成本较高;不能配合使用喷淋降温系统;易与粪尿混合,影响粪污处理效果,对固液分离设备的损耗大	易吸水和孳生细菌,奶牛乳腺炎的发病率高;需经常翻松、更换和抹平,维护成本较高	垫料易吸水和孳生细菌,奶牛乳腺炎的发病率高;需经常更换,维护成本较高	前期投入高;床垫吸水后易孳生细菌;表面老化后奶牛的舒适度降低,影响肢蹄健康	前期投入高;橡胶垫老化后奶牛的舒适度降低,影响肢体健康,增加奶牛的淘汰率
垫料高度（cm）	15~20	15~20	15~20	2~3	2~3
适用气候	夏季不热、冬季冷地区	寒冷、干燥地区	寒冷、干燥地区	各种气候	各种气候

（二）地面

牛舍地面结构和卫生状况直接影响奶牛的肢蹄健康及舒适度,因此要求致密坚实,不打滑,有弹性,便于清洗消毒和清粪排污,保温且经济实用。牛舍地面主要有实体地面和漏缝地面两类。国内牧场以实体地面居多,主要为混凝土、水泥、红砖、废旧石板等硬质材料,以及三合土、砂土、泥土等软质材料,可因地制宜地选择合适的地面材料。地面表层一般用条形或方格型凹槽做防滑处理（图1-19）,使用过程中若防滑凹槽老化则要及时修补。

图1-19　牛舍实体地面

　　漏缝地面由带有很多缝隙的漏缝板和地下粪尿沟组成，有全漏粪地面（图1-20）和部分漏缝地面（图1-21）两类。漏缝板的材质可以是水泥、钢筋、塑料或铸铁，板条宽窄不一。粪尿沟位于漏缝地面下方，尺寸由漏缝地板的长度决定，深度为 $0.7 \sim 0.8$ m，有 $0.5\% \sim 1\%$ 的坡度，便于粪污清理。漏缝地面可以降低粪尿在地面的混合程度和堆积时间，避免奶牛与粪污接触。一般采用机器人或地下刮板将粪污清理至地下粪尿沟，粪沟里的粪污每年集中清理 $1 \sim 2$ 次。采用漏缝地面有利于降低牛舍湿度、氨气浓度和微生物数量，但该类地面投资大，且奶牛在漏缝板上行走的舒适度不高，目前在我国牧场应用得较少。

图 1-20　全漏缝地面

（资料来源：https：//www.spanwright.co.uk/product/cattle-slats/）

图 1-21　部分漏缝地面

（三）颈夹

颈夹安装于奶牛生产区与饲槽之间，可在奶牛伸头采食时灵活开合。颈夹除固定奶牛保证其采食外，还可用于检查、治疗、配种或免疫等的牛只保定。颈夹有开放式和自锁式（图1-22），自锁式颈夹又有单开自锁式和双开自锁式，既可以整排锁定，也可单独锁定。不同生产阶段奶牛需要的采食空间不同，因此应配备的颈夹规格也不同，不同生产阶段牛群的颈夹配置参数可参考表1-3。除颈夹外，断奶犊牛也可使用斜位采食栏或颈杠。

图1-22 开放式颈夹（A）和自锁式颈夹（B）

表1-3 不同生产阶段牛群的颈夹配置参数

牛群分类	每个颈夹位宽（mm）	颈夹栏高（mm）	饲喂挡墙高（mm）	栏杆总高（mm）
泌乳牛	660（9牛位/6 m）	850	500	1 350
干奶牛/围产期奶牛	762（8牛位/6 m）	850	500	1 350
19～24月龄牛	600（10牛位/6 m）	850	400	1 250
14～18月龄牛	600（10牛位/6 m）	850	400	1 250
断奶犊牛	360（11牛位/4 m）	700	30	1 000

注：表中高度指奶牛站立侧计算的高度，栏杆总高度为颈夹栏杆和饲喂挡墙高之和。

（四）饲槽

饲槽设在颈夹前面，多为地面通槽，与饲喂通道相连（图 1-23），方便机械化饲喂。饲槽表面应当坚固、光滑，可采用与饲喂通道相同的材质，也可用瓷砖或其他材质做成专门的饲槽。饲槽底部应高出奶牛站立处 10～15 cm，挡墙高度从饲槽地面算应高 30～35 cm，从奶牛站立处算应高 40～50 cm。机器饲喂通道的宽度一般为3.6～4.5 m，坡度为 1%。

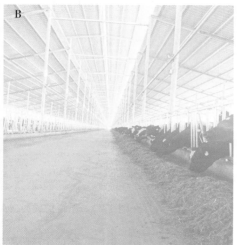

图 1-23　饲槽（A）和饲喂通道（B）

（五）饮水设备

奶牛的饮水设备主要有饮水槽（图 1-24）、浮球式饮水器和饮水碗（图 1-25）等。饮水槽是奶牛常用的饮水设备，有水泥、不锈钢和塑料等材质。目前，许多饮水设备都配备了自动加热和自动补水功能，不同牛群敞开式电加热不锈钢饮水槽的配置可参考表 1-4。

此外，饮水设备应安装在奶牛容易到达的地方，且数量适宜。

图 1-24　饮水槽（A：不锈钢饮水槽；B：水泥饮水槽）

图 1-25　浮球式饮水器（A）和牛用饮水碗（B）

表 1-4　不同牛群敞开式电加热不锈钢饮水槽配置规格（cm）

牛群类别	外形尺寸（长×宽×高）	基础高度	距地面高度
成乳牛（泌乳牛/干奶牛/围产期奶牛）	450×60×45	30	75
大育成牛（20～24 月龄）	400×60×35	35	70
大育成牛（15～19 月龄）	400×60×35	30	65
小育成牛（13～14 月龄）	300×50×30	30	60
小育成牛（7～12 月龄）	300×50×30	25	55
断奶犊牛（5～6 月龄）	300×50×30	20	50
断奶犊牛（3～4 月龄）	300×50×30	15	45
运动场牛群	300×60×35	25	60

资料来源：伊利集团乳业科学研究院。

二、环境控制设施

奶牛场的环境控制设施主要有防暑降温、防寒保暖、通风和采光等设施。

（一）防暑降温设施

防暑降温主要通过减少太阳辐射、加大对流散热和蒸发散热来进行，设施有卷帘、凉棚、风扇、湿帘、喷淋与喷雾系统等。

1. 卷帘与凉棚　在夏季阳光射入最强的一侧安装卷帘或遮阳网（图 1-26A），可以遮挡强光，有一定的降温作用，但要注意使用卷帘遮阳不能影响舍内通风。运动场凉棚（图 1-26B）可为在舍外活动的奶牛提供阴凉。凉棚一般东西走向，高 3～4 m，面积可按每头成年牛 4m²、育成牛和青年牛 3m² 左右计算。使用双层隔热板或刷隔热漆可提高凉棚和牛舍的隔热效果。

图 1-26　卷帘及遮阳网（A）和凉棚（B）
（资料来源：首农奶牛中心良种场）

2. 风扇　风扇是牧场基本的通风换气设备，主要安装在卧床、采食通道（图 1-27）、挤奶厅和待挤区等处。风扇类型和规格较多，以 1.0～1.4m 直径的风扇较为常用，牧场不同位置的风扇安装要求可参考表1-5。风扇的安装高度一般为 2.0～2.6m，角度为 25°～30°，安装方向与舍内夏季自然风的方向一致。大风扇的风速虽然大，但安装间距大，风速在牛舍的均匀分布可能会受到影响。为方便维修和使用，不同位置的风扇最好能分开控制，且应给每个风扇都配备漏电保护器，启用前要进行除尘保养和维护检修。一般当牛舍温度≥22℃时开启风扇。

图1-27　奶牛采食区（A）和休息区（B）风扇
（资料来源：首农奶牛中心良种场）

表1-5　牧场不同位置的风扇安装要求

安装位置	提供风速（m/s）	安装间距（m）	风扇直径（m）
采食通道	3	6	1
卧床	3	6	1 或 1.2
待挤奶厅	3	9m²/台	1

资料来源：伊利集团乳业科学研究院。

注：待挤奶厅风扇安装在待挤奶厅前2/3处和待挤奶厅回牛通道，安装密度不低于9m²/台，可按横向 1.5m×纵向 6m 或横向 3m×纵向 3m 的间距安装。

3. 湿帘　湿帘主要是通过降低进入舍内的空气温度来实现防暑降温的目的。湿帘一般安装在牛舍的一侧，另一侧配置负压风机。这样舍外的热空气能通过湿帘降温，而进入舍内的凉爽空气可以将携带的舍内热量和污浊气体被风机从另一侧吸出，既可降温防暑，又可通风换气（图1-28）。

4. 喷淋与喷雾系统　喷淋与喷雾系统是牧场重要的降温设

21

图 1-28　湿帘（A）与风机（B）

施。我国除内蒙古、黑龙江、辽宁、吉林、新疆、甘肃、宁夏等
地仅用风扇防暑降温外，其他地区的牧场一般都
需配备风扇、喷淋与喷雾系统来缓解夏季高温对
奶牛的不利影响。喷淋系统（视频3）是用低压喷
淋产生的水滴直接打湿牛体，靠体表水分蒸发来
散热降温的，适用于夏季炎热的潮湿地区；喷雾

视频3

系统（视频4）是用高压雾化器产生水雾，配合风扇或冷风机来
降低牛舍内的空气温度，实现降温的目的。喷淋
系统主要由控制器、主水管线、过滤器、电磁阀、
调压器和喷淋头区等部件组成，主要用于控制水
的流量、喷淋时间和循环间隔次数。采食区的喷
淋系统一般用180°单项喷头，喷头间距1.8m，具
体安装参数见图1-29。待挤奶区可采用360°全方
位喷头建成集中喷淋房（视频5），安装高度应高
于赶牛器或清粪设施20～30 cm，喷头间距1.5m，
管道末端压力和水流量与采食区系统一样。喷淋
区地面要有1.5％～2％的坡度，以便排水。牧场
应尽可能选择安装精准喷淋系统，以便在节能、节水的同时提高

视频4

视频5

喷淋效果。一般当牛舍温度≥25℃时开启喷淋系统,并按喷淋
1min停止10min的间隔方式循环;当牛舍温度≥28℃时,按喷淋
1min停止5min的间隔方式循环。喷淋期间可停止运行风扇。

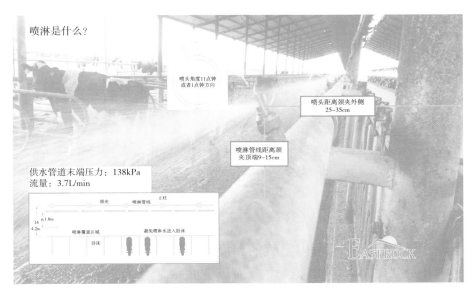

图1-29 采食区喷淋系统安装示意图
(资料来源:北京东石北美牧场科技有限公司)

(二)防寒保暖设施

　　奶牛属于耐寒怕热的家畜。寒冷地区的冬季成年牛一般在封
闭式或半封闭式牛舍内饲养,或结合使用卷帘、修建挡风墙等来
实现保暖,需要进行防寒保暖的主要是新生犊牛和哺乳犊牛。保
暖设施主要有保温灯(图1-30)、浴霸(图1-30)、暖气片,也可
以采用地暖、地源热泵、热风炉和暖风机等。另外,给犊牛穿保
暖马甲、地面铺垫足量的垫草、用保暖材料加饰墙体等也可提高
保暖效果。

图 1-30　新生犊牛防寒保暖用保温灯（A）和浴霸（B）

（三）通风设施

通风直接影响牛舍内空气的温度、湿度和质量，尤其是对规模化封闭式牛舍而言更重要。牛舍通风方式一般分为自然通风和机械通风两种。在场地和气候条件许可时，应尽可能采用或保留自然通风；当牧场条件难以实现自然通风或所处地区的气候常年炎热时，必须借助或完全采用机械通风来确保奶牛健康和福利。

1. 自然通风　自然通风是一种有效且低成本的通风方式，主要通过牛舍门、窗等开口所形成的空气交换来进行通风。门、窗、屋檐、侧墙是自然通风牛舍的主要通风口，必要时还需设置地窗、天窗、通风屋顶等辅助通风设施来加强通风（图 1-31）。通风屋顶设计适合夏热而冬不冷的地区，夏不热而冬冷的地区可采用双坡式屋顶加吊顶，还可在侧墙上设置通风口或使用可调式的挡风板或卷帘来做侧墙。自然通风的效果受季节和风力大小的影响。以自然通风为主的牧场，建设牛舍时要结合当地流行风向，牛舍朝向应以能良好利用自然风向来排列，同时要注意周围山峰、建筑、树木和牛舍间距等对通风效果的影响。自然通风牛舍一般都配合使用风扇，以确保获得较好的通风效果。

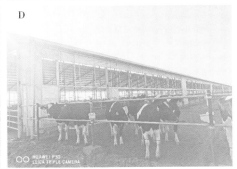

图 1-31　自然通风牛舍的屋檐（A）、门窗（B）、通风屋顶（C）和卷帘（D）

2. 机械通风　机械通风是依靠风机强制进行舍内外空气交换的通风方式，既可以作为自然通风的辅助通风方式，也可以完全采用机械通风，主要有正压通风、负压通风和混合通风。

（1）正压通风　正压通风也称进气式通风或送风，指通过风机将舍外新鲜空气强制送入舍内，使舍内气压增高，舍内污浊空气经风口或风管自然排出的换气方式。主要有屋顶水平管道通风系统和正压混合通风系统（图 1-32）两种。其中，水平管道通风系统主要由进气风机和布满通风孔的送风管道组成，由风机送入管道的外界空气经通风孔流入舍内。一般牛舍跨度超过 9m 时需要设置 2 条送风管道。采用正压混合通风系统的牛舍大部分时间使用自然通风，夏季高温时期切换为正压通风，适用于 4 列头对头式卧床牛舍。正压通风系统的优点是可以在进风口处增设湿帘、空气净化器等设备，可根据需要对进入舍内的空气进行加热、冷却或过滤处理，能有效控制牛舍环境。但结构比较复杂，安装成本和管理使用成本均较高，且夏季通风效果不够理想，有时还会将雨水送入牛舍，导致牛床被污染。正压通风系统适用于犊牛舍，或休息区靠近侧墙或牛舍相对狭窄时难以通风的牛舍或牛舍区域。

图1-32　屋顶水平管道通风系统（A）和正压混合通风系统（B）

（资料来源：http：//thedairylandinitiative.vetmed.wisc.edu）

（2）负压通风　负压通风也称排气式通风或排风，主要通过安装在牛舍一侧/端的负压风机把舍内的空气部分抽出，造成舍内气压小于舍外，从而使外界空气通过另一侧/端的进风口自动进入舍内，形成定向、稳定的气流带。负压通风设施简单，投资少，管理费用低，使用比较广泛。按风机安装位置，可将负压通风分为纵向负压通风和横向负压通风（图1-33）。其中，前者又称隧道通风，是将负压风机安装在牛舍一端，舍内气流方向与牛舍长轴方向平行；而后者是将负压风机安装在牛舍一侧的侧墙上，舍内气流方向与牛舍长轴垂直。完全机械通风设计适合于全年炎热的高温地区，纵向通风系统适合于有1～2条饲喂通道或卧床在12列以下的牛舍，而横向通风系统多用于舍内有多个饲料通道的大跨度牛舍。随着牛舍长度和跨度的增加，舍内通风质量下降，尤其是在冬季。因此，纵向通风牛舍的长度以不超过150m为宜，横向通风牛舍的跨度则以不超过10列卧床、3个饲料通道为宜。低屋面横向通风牛舍（图 1-34）一般会在进风侧墙上安装蒸发降温系统，舍内设挡风板（图 1-35）和风扇来提高风速及定位风向，以确保舍内通风换气正常。

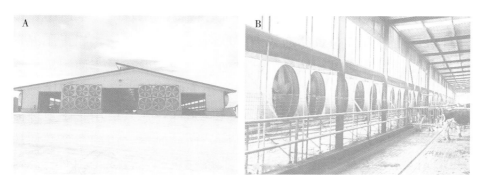

图 1-33　纵向负压通风（A）和横向负压通风（B）牛舍内的风机

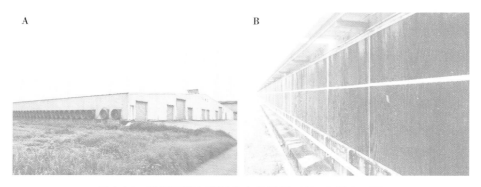

图 1-34　低屋面横向通风牛舍的风机（A）和湿帘（B）

图 1-35　横向通风牛舍内的挡风板

（3）混合通风　混合通风本质上是同时采用机械送风和机械排放的通风方式。当大型牛舍尤其是密闭牛舍单靠正压通风或负压通风往往达不到理想的通风效果时，一般联合采用这两种方式。联合通风由于风机台数增多，设备投资大，因此应用较少。生产中，以一种机械通风方式与自然通风方式联合使用较为常见，如正压混合通风和隧道混合通风相结合。这种通风模式一般在夏季使用机械通风，其他季节切换为自然通风，具有很大的灵活性，也可解决冬季机械通风不良的问题。适用于多种气候条件，尤其适用于季节性温差较大的地区。但因需要安装排气扇、循环风扇、边墙卷帘及通风屋顶等自然通风及机械通风设施，所以建设和运行成本相对较高。

总体而言，没有完美的通用通风设计，牧场必须根据实际情况确定使用自然通风、正压通风、横向通风或混合通风方式。无论选择哪种通风系统，都应以确保奶牛休息区风速适宜、牛舍全年通风速率适宜和通风系统全年正常运行为目的。

（四）采光设施

合理的光照能够提高奶牛采食量和产奶量，牛舍可利用自然光照和人工照明采光。泌乳牛、干奶牛、育成牛和犊牛每天应分别确保16～18h、8～10h、10～16h和10～12h的光照时间。牧场应结合实际自然光照时数，确定合理的人工照明时间。照明灯一般安装在饲喂通道上部（图1-36），确保光照分布均匀，避免明暗交替。泌乳牛和干奶牛的光照强度以80～200 lx为宜，育成牛和犊牛的以60～150 lx为宜。同时，要选择尽可能接近自然光、没有频闪效应危害的照明灯，如有红光的LED灯或智能生物照明灯，以便为奶牛提供一个明亮、清晰和舒适的照明环境。

图 1-36　牛舍采光屋顶（A）和照明灯（B）

三、粪污处理设施

奶牛场的粪污主要来源于奶牛排泄的粪尿，以及清洗设备、地面和喷淋系统等产生的污水，对粪污进行减量化、无害化、资源化处理和利用是现代规模化牧场的基本要求。牧场粪污处理主要涉及收集设施、输送设施和处理设施。其中，收集设施用于清理及收集牛舍、运动场、挤奶厅等处的粪污，输送设施主要用于将清理、收集的粪污输送至粪污处理中心，而处理设施主要用于粪污固液分离及分离后的固粪和液肥处理。

（一）牛舍粪污收集设施

牛舍地面类型不同，粪污清理、收集方式不同。实体地面牛舍，其粪污收集设施主要有刮板清粪、铲粪车或吸粪车清粪、水冲清粪等，而漏缝地面牛舍一般用清粪机器人或地下刮板清粪。

1. 刮板清粪设施　刮板清粪设施主要由转角轮、驱动单元、刮粪板和链条等组成（图 1-37）。通过电力驱动链条带动刮板往复运动将粪污清理至集粪沟中，是规模化牧场常用的自动清粪设施。

可以 24h 随时清粪，管理方便，清粪效率高，对牛群的影响小，但耗电、投资和维护费用都较高。牧场可根据牛舍长度设置集粪沟的位置和每个粪道的刮粪板数量。如图 1-37 所示，大部分牛舍采用单驱动刮板清粪设施，该设施中的每个粪道只有一个刮粪板，集粪沟位于牛舍一端。当牛舍较长时，可采用集粪沟在一端的双驱动设施或集粪沟在中间刮板清粪设施。刮粪清粪牛舍的地面需设一个 U 形沟槽来安装刮粪板链条，且卧床一般建议使用有机垫料。

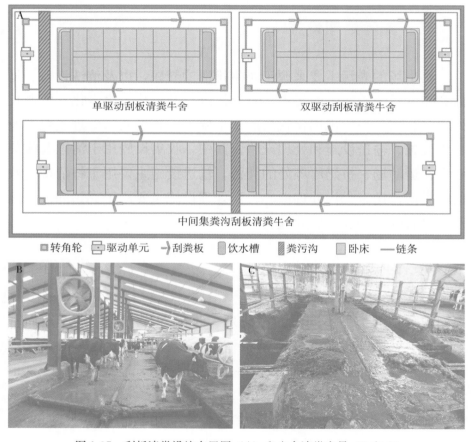

图 1-37　刮板清粪设施布置图（A）和牛舍清粪实景（B 和 C）

2. 铲粪车和吸粪车清粪设施 铲粪车或吸粪车清粪属于半自动化清粪方式，需要一定的人工投入。由于一般在挤奶时间清粪，因此清粪次数受挤奶次数的影响，牛舍环境相对较差，清粪过程容易损坏地面或周边设施。但该清粪方式用水少，可有效降低污水处理的难度和成本。铲粪车多由装载机或拖拉机增加推粪铲后改装而成，主要是将牛舍粪污推送至集粪沟或堆放处。吸

视频 6

粪车（视频6）将粪污收集后直接吸送至车后的集粪箱，然后运输至集粪池或堆粪场。

3. 水冲清粪设施 水冲清粪设施由冲洗水塔、冲洗泵、空压机和冲洗阀等组成，主要利用地面冲洗阀将牛舍粪污冲至牛舍一端或中间的集粪沟内，再由集粪沟输送至集粪池（图1-38）。用该设施清粪后的清洁度高，但用水量较大，牛舍粪污通道需有1%～3%的坡度，且牛舍温度应保持在0℃以上，不能结冰，故适合冬季不冷的南方地区。对防疫要求较高的特需牛舍、断奶牛舍和挤奶厅一般用清水冲洗，其他牛舍可用固液分离后的液体作为冲洗水源。

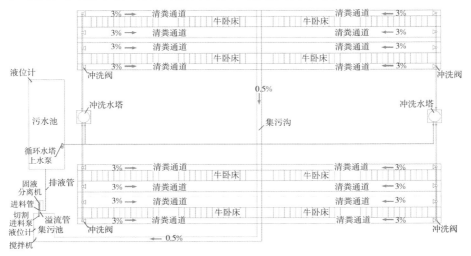

图1-38 水冲清粪设施示意图
（资料来源：彭英霞等，2020）

（二）其他环节污水收集设施

为减少粪污的处理量，牧场应实施雨污分离，避免雨水进入集粪沟或输送管道。同时，牧场其他环节产生的污水也应被合理收集（图1-39）。挤奶厅产生的污水应被收集至挤奶厅外的收集池，该池上部应安装回冲泵以便回抽利用池内的上清液，底部安装搅拌输送泵用于将粪污输送至牧场粪污处理区。清洗饮水槽的水可被排入牛舍集粪池，也可被单独收集后做回冲用水或绿化灌溉用水。青贮渗滤液通过管道或吸粪车被送至氧化塘处理。采用沼厌氧工艺或达标排放处理工艺的牧场，夏季喷淋水应被单独收集，配套使用低浓度废水处理设施，以降低投资和运行成本。

图1-39　粪污收集池（A）和废水收集池（B）
（资料来源：现代牧业（宝鸡）有限公司）

（三）粪污输送设施

采用铲车清粪的牛舍，需要运粪车将粪污输送到堆粪场或集粪池。采用刮板清粪或水冲清粪的牛舍，在集粪沟的始端设气动冲洗阀，用回冲水冲洗集粪沟，使粪污经输粪渠或输送管道流入牧场的集粪池。粪污输送管/渠应设在地面冻层以下，最好做成暗管，以利于场区环保；同时，要依流量定宽度，确保输送系统运行正常，不堵塞。采用种养结合模式的牧场，要建合适的粪污贮存池，尽可能密闭贮存，减少臭气排放和养分流失；另外，还应配套建设有效的粪污运送设施和还田装备，如运输车、输送管网、有机肥抛撒机、粪水喷洒机、沼液滴灌设备等，以确保粪肥能到达所需的农田。

（四）粪污处理设施

粪污处理模式较多，主要有种养结合模式、清洁回用模式、达标排放模式和集中处理模式等。对奶牛场而言，建议优先选择清洁回用模式，即将粪污固液分离后，通过无害化处理，固粪作垫料用，液肥作场内回冲水用；而在土地资源丰富的省（自治区），倡导选择种养结合模式，即固液分离后的固肥经堆肥发酵后还田，液肥经处理后用于灌溉农田或场内回用。

1. 固液分离设施 固液分离主要是为了降低固粪中的含水量和液肥中的有机物含量，方便固粪运输、贮存、处理，以及液肥的净化和利用。固液分离分前固液分离和后固液分离两种。其中，前固液分离是对牛舍清理出的粪污先进行固液分离，然后对固粪和液肥分别进行处理；而后固液分离是先将粪污进行厌氧沼气发酵，然后对发酵液进行固液分离，最后对分离得到的沼渣和沼液分别进行处理。固液分离设施主要由集粪池、污水池等组成（图1-40）。牧场收集输送至集粪池的粪污，先由池内安装的潜水搅拌机搅拌均匀，再经潜水切割泵切碎并提升至固液分离机进行分离（图1-41）。固液分离机的类型较多，有斜筛式、螺旋挤压式等。其中，斜筛式适合水冲清粪牧场，而螺旋挤压式适合刮板清粪牧场。

2. 固体粪肥处理 用前固液分离工艺得到的固粪，可经好氧

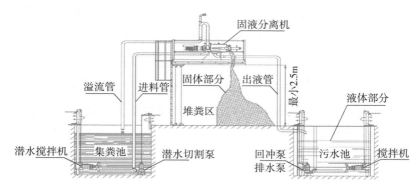

图 1-40　固液分离设施断面示意图

（资料来源：彭英霞等，2020）

图 1-41　固液分离设施

（资料来源：陕西现代牧业）

发酵和晾晒处理后用作牛床垫料，也可堆肥后生产有机肥用于还田。一些牧场也将固液分离后的固粪或用铲车清理的牛粪直接晾晒后回填牛床，但因无害化处理不彻底，所以这种处理方式有一定安全隐患。用后固液分离工艺得到的固粪，一般经晾晒或低温烘干后用作牛床垫料。固粪好氧发酵方式较多，如堆垛式发酵、槽式发酵、分子膜发酵、集装箱发酵、智能一体化发酵等。不同发酵模式所需设施及优缺点不同，牧场可根据需要选择。

3. 液肥处理　固液分离产生的液肥处理方式主要有好氧处理、厌氧处理和达标排放处理等。其中，好氧处理是将液肥排入氧化塘，经三级以上氧化塘的发酵和沉淀后，用于灌溉还田或牧场回冲利用；厌氧处理是将液肥用沼气系统进行厌氧发酵（图 1-42），发酵后的沼液可在氧化塘暂存后用于灌溉还田或牧场回冲利用。牧场经过好氧或厌氧处理的液肥，都可以进行污水净化处理，实现达标后排放。厌氧发酵工艺较多，常见的有全混合厌氧反应器、升流式固体反应器、退流式反应器、升流式厌氧污泥床及厌氧复合床反应器等。其中，前三种适合牧场粪污综合利用处理选用，而后两种适合粪污达标后排放处理选用。

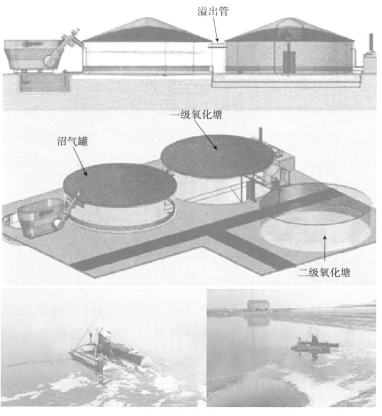

图 1-42 液肥沼气发酵和氧化塘处理示意图
（资料来源：杜金，2012）

四、其他设施

除了以上 3 种主要设施外，牧场的其他设施还包括挤奶设施、奶牛修蹄和刷拭设施，以及 TMR 制作、青贮料制备、粗饲料贮存等设施，此处不再赘述。

第三节　奶牛福利与饲养设施

设备设施及奶牛场设计会影响奶牛健康和舒适度，是决定奶牛福利水平的物质基础，合理的设备设置及牛场设计是提高产奶量的重要因素，涉及奶牛福利、奶牛舒适度等，一般与设备设施的应用性、设计的合理性等有关。颈夹、卧床、卧床垫料、牛体刷、饮水槽、地面、通道、风扇、喷淋设施、刮粪板等都是与奶牛生产密切相关的设备设施，如果设计不合理或者使用不当，就会影响奶牛的舒适度，降低奶牛福利，进而对奶牛健康和产奶造成影响。

一、奶牛福利

动物福利是指动物如何适应其所处的环境，满足其最基本的自然需求。它提倡人们在人道、合理地利用动物时要兼顾动物福利，尽量保证那些为人类做出贡献和牺牲的动物享有最基本的权利。动物福利的基本内容包括五大原则：使动物享有免受饥渴的自由；免于痛苦、伤害和疾病的自由；生活舒适的自由；免于恐惧和悲伤的自由；适当表达天性的自由（Von Keyserlingk 等，2009）。

奶牛福利是"以牛为本"养殖理念的体现，即在奶牛繁殖、饲养、挤奶等过程中，尽量减少奶牛痛苦，避免其承担不必要的伤害和忧伤，使奶牛在较舒适的环境中健康、愉悦地生产，实现泌乳和繁殖能力在数量及质量上的最优化（杨敦启等，2009）。因此，保障奶牛福利，就是在满足奶牛康乐的同时，最大限度地发挥其泌乳性能和生产潜力，提高牛奶质量，降低发病率和淘汰率，延长使用寿命。

二、饲养设施

饲养设施涉及奶牛养殖的各个环节，是决定奶牛福利水平的物质基础，较好的饲养设施能够为奶牛提供良好的福利条件。

（一）牛场规划布局和基础设施

建立生产环境适宜、安全的奶牛场，要综合考虑地形、地貌、地势、土壤植被、水源状况等因素，以确定奶牛饲养方式、生产规模、集约化程度等，便于奶牛场各项卫生防疫制度和措施的正常执行。设计牛舍时，要树立"以牛为本"的经营理念。选取隔热性能较好的材料，减少环境温度对奶牛的应激。设立不同的牛舍，以饲养不同生产阶段的奶牛，避免因社群效应而引起竞争。每种牛舍控制合理的饲养密度，使奶牛能够自由活动。牛舍要通风、采光充足，排水通畅，夏季能够防暑降温，冬季能够御寒保暖，以减少环境温度对奶牛的应激，为奶牛提供适宜的环境，充分发挥奶牛的生产潜能。奶牛生产过程注重福利，挤奶厅、饲料加工区、牛群饲养区、各功能区的衔接等要科学合理，便于操作。例如，为减少奶牛等候挤奶的时间，高产牛舍应该建在离挤奶厅较近的地方。

（二）相关饲养设施

1. 奶牛卧床　奶牛一天有 50％以上的时间都在躺卧休息，躺

卧能增加乳房的血流量和牛奶的产量，同时使腿部、蹄部得到很好的放松，并促进反刍。因此，给奶牛提供舒适、干燥、干净的躺卧环境，保障其福利，是减少奶牛乳腺炎、蹄病的发生率和提高奶牛生产性能的关键。

　　卧床尺寸和垫料的使用与躺卧舒适度密切相关。卧床尺寸因奶牛品种、卧床类型等因素而异，合理的卧床尺寸要能够适合奶牛的体型，使其占据整个卧床。不合理的卧床尺寸会减少奶牛的躺卧时间。卧床尺寸过小容易导致奶牛飞节损伤和蹄病，而尺寸过大则会增加粪尿污染卧床的概率，从而降低牛体的清洁度，增加感染乳腺炎的概率。同时，卧床垫料不足或使用不当也会引起奶牛的蹄病，减少躺卧时间和产奶量，造成乳头损伤。牧场应依据实际情况选择适宜的垫料。卧床垫料应松软、干燥、厚度适宜且维护良好，可通过翻耕（视频7）、更换或补充新垫料等方式保证垫料松软和舒适。生产中，可根据实际情况每天平整床垫或垫料一次，每周修补一次，每月调整卧床倾斜度一次（使之维持在 3%～5%）。

视频7

卧床的舒适度以管理人员在牛床自然下跪时无硌伤和疼痛感，且感觉不硬为宜。平面卧床虽然使用方便，但使用过程中出现的问题较多，奶牛的淘汰率也相对较高，生产中需谨慎选择。

　　2. 采食空间和设施　奶牛每天采食时间为 5h 左右。剩料应在当天清理，以确保奶牛每天能采食到新鲜的饲料。为保证足够的采食量，不仅饲料的供应和质量很重要，而且采食区域的舒适度也同样重要。饲槽和颈夹是影响奶牛采食舒适度的重要因素。充足的饲槽有利于奶牛采食，避免牛群之间的竞争。一般来说，泌乳牛采食空间至少为 61 cm，干奶牛和围产期奶牛至少为 75 cm。颈夹能够在奶牛采食时将不同牛隔开，避免牛群之间出现采食竞争。颈夹应向采食通道倾斜，使奶牛采食面变宽；同时，倾斜的颈夹可减小对牛肩部的压力，使奶牛采食时更加舒适。为确保奶牛能够以自然低头和放松的状态采食，采食通道地面内外要有一定的高度差，饲槽地面要比奶牛站立面高出 15 cm 左右，使奶牛采食时更加舒适。食槽面需保持光滑，避免奶牛在采食时受到损伤。

3. 地面和行走通道 奶牛不仅需要躺卧舒适，而且站立时也应能感到舒适。地面材质会影响奶牛福利。奶牛喜欢在松软的地面上站立和行走，这样可以减少跛足的风险。太光滑的地面容易造成牛只摔倒，太坚硬、粗糙的地面会加大牛蹄的磨损，而卫生状况差、湿度大的地面又会增加奶牛肢蹄病的发生率。考虑到奶牛饲养密度、环境及管理的需要，应对地面进行硬化处理，以便排水和处理粪尿，但坚硬的地面加大了肢蹄损伤程度。为防止奶牛长时间在坚硬、潮湿的地面上行走或站立时所致的肢蹄损伤及跛行，牧场应在奶牛行走通道、待挤奶厅和挤奶厅站位等处的地面铺设软质防滑垫（图 1-43）。可使用橡胶防滑垫或废弃工业运输胶带等，但要注意防止固定胶垫用的铆钉或其他铁器等伤害奶牛蹄部。奶牛行走过道要有一定宽度，以保证 2 头牛能正常并排行走。

图 1-43　铺有胶垫的挤奶厅（A）和过道（B）
（资料来源：首农奶牛中心良种场）

4. 饮水设施 水是奶牛机体和牛奶的重要组成成分，充足、清洁的饮水供应对于保证奶牛健康和生产非常重要。奶牛每天饮水

6～14次，每次饮水约15 L。奶牛的饮水量与季节、气温、饲料品种、采食量、年龄、体重、产奶量等因素有关。泌乳牛每天需要90～130 L的饮水量，而干奶牛则需要80～100 L。奶牛的饮水量在夏季增加、冬季降低。水槽的设计、水质和水温等都与奶牛饮水福利密切相关。牛场选用的饮水槽最好能保证奶牛在冬季能饮到10～15℃的温水，在夏季能饮到10℃以下的凉水，并保证奶牛随时可以饮用到充足、清洁的水。奶牛倾向于成群饮水，因此要确保水槽的有效饮水长度，避免出现饮水竞争。泌乳牛舍饮水槽的有效饮水长度为每头牛至少0.1m。夏季应每天清洗一次饮水槽，冬季每隔2～3d清洗一次饮水槽，以保证水质干净、清洁。饮水槽周围地面应当有适宜的坡度，以保证没有积水。在部分寒冷地区，饮水槽需要保温，防止饮水结冰；也可选用有加热功能的饮水槽，防止冬季水温过低。

（三）环境控制设施

1. 防暑降温设施 热应激是影响夏季奶牛生产的重大难题，可引起奶牛感知状态、生物功能和健康，以及天性行为的改变，从而影响奶牛福利，导致奶牛繁殖性能下降，产奶量降低，喘息行为加剧，饥渴、疼痛、不安感增加，疾病发生率升高等，增加奶牛的淘汰率，甚至是死亡率，给生产造成巨大损失。在设计牛场时，必须考虑防暑降温和空气流通，选用隔热性能较好的建筑材料。同时，奶牛喜欢寻找阴凉处应对热应激，牛场可结合奶牛天性，在运动场搭建遮阳棚来缓解热应激，保障奶牛行为福利。此外，相比于遮阳措施，在牛舍、奶厅待挤区等场所设置喷淋、风扇、机械通风等设施，通过加大空气流动及蒸发散热等方式，来有效降低奶牛的体表温度，减少奶牛的喘息行为，缓解奶牛的热应激，保障奶牛福利。

2. 粪污清理设施　奶牛每天排放约 52kg 的粪便，粪污堆积容易孳生有害微生物，影响奶牛健康和福利。牛舍每天定时清粪能够改善牛舍环境，提升奶牛的卫生情况和舒适度。不管使用刮板清粪还是清粪车清粪，都应尽量减少对奶牛的干扰，保障奶牛福利。

（四）其他设备设施

1. 牛体刷　牛体刷是提高奶牛福利的设施（图 1-44）。当奶牛接触到牛体刷后，牛体刷以奶牛舒适的速度在任意方向上转动，让奶牛充分感受到体贴和舒适。刷毛的长度和硬度能充分刺激奶牛的血液循环，保持奶牛躯体干净，有利于提高产奶量。此外，牛舍内安装牛体刷有助于降低奶牛用尖锐的设备或在其他地方蹭痒摩擦而造成的自身伤害。

图 1-44　牛体刷

2. 自动化设施　自动化设施涉及奶牛生产过程的各个环节，也会影响奶牛福利。合理的挤奶设备能够避免挤奶过程中乳头被污染，以挤尽牛奶，保护乳房健康。自动挤奶设备能够遵从奶牛天性，使奶牛自愿被挤奶。自动推料机器人能保证奶牛的饲料供应，使其能够随时采食。自动采食槽和自动饲喂器能够满足奶牛采食的

天性，同时保证给奶牛提供充足的采食量，有助于提升奶牛福利。修蹄机（图1-45）能够帮助维护奶牛的肢蹄健康，减少蹄病的发生率。此外，一些传感设备能够监控奶牛的反刍、发情等行为，帮助维持奶牛健康。

　　奶牛福利就是"以牛为本"养殖理念的体现。在养殖过程中应尽量减少奶牛的痛苦和不适，使奶牛在较好的福利环境中健康、愉悦地生产。而设备设施是决定奶牛福利水平的物质基础，对于保障奶牛福利来说至关重要。提供合理、优质的设备设施能够提升奶牛福利，充分发挥奶牛的生产潜力。

图 1-45　修蹄机

第二章
饲养环境及其对奶牛的影响

　　饲养环境既是奶牛赖以生存的条件，也是影响奶牛健康和生产的重要因素。生产中，环境因素会以各种方式、经不同途径对奶牛产生各种影响，温热环境、空气环境和饲养密度是对奶牛健康和生产影响较大的环境因素。本章重点阐述这些环境因素对奶牛生产和健康的影响，以便为相关环境控制措施的制定和实施提供依据。

第一节　温热环境及其对奶牛的影响

　　温热环境是直接影响奶牛散热过程并与代谢产热及体温调节密切相关的物理环境，包括温度、相对湿度、气流速度和热辐射等环境因子。各环境因子综合形成或炎热、寒冷，或温暖、凉爽的空气环境。适宜的温热环境有利于奶牛保持良好的健康状态，维持较高的泌乳性能；而不适宜的温热环境会引发奶牛的冷应激或热应激，不仅会降低奶牛的生产性能和抗病能力，而且严重时可能还会直接导致奶牛发病。因此，了解温热环境对奶牛的影响及奶牛生产对适宜温热环境的需求，对于奶牛生产和管理具有重要价值。

一、温热环境因子

(一)温度

环境温度是影响奶牛健康和生产的首要温热因子,生产中对奶牛产生实质性影响的主要是牛舍温度。而牛舍温度除受外界气温的影响外,还受牛舍外围护结构、通风状况及奶牛散热情况的影响。牛舍垂直温度一般呈下低上高分布,水平温度从中心向四周递降。一般要求牛舍天棚与地面的温差不超过 3.0℃,或每升高 1m 温差不超过 1.0℃;水平方向上,墙壁附近的温度与牛舍中心相差以不超过 3℃为宜。

以动物机体的产热和散热平衡调节特点为基础,可将环境温度划分为等热区(the thermo-neutral zone)、炎热区和寒冷区三个主要区域。等热区内有一个热舒适区(thermal comfort zone),此区域中的环境温度对动物而言最为理想,因为此时动物机体的产热量最低,甚至不需要物理和行为调节即可维持正常体温,且动物健康状况最好,生长速度和泌乳动物的泌乳量最大。热舒适区上、下限温度与等热区临界下限温度(lower critical temperature)和临界上限温度(upper critical temperature)之间的温度区分别为凉爽区和温暖区。此区域内,动物仅需进行最小限度的调节措施即可维持体温,如借助血管舒张散热、皮肤与呼吸的水分蒸发、体躯伸展收缩及相互分散位置等。而一旦环境温度处于等热区以外,则动物的散热或产热代谢就会增加,用于其他生理功能的能量就会减少。如果这种情况持续,则动物就会出现冷应激或热应激,健康和生产就会受到影响。当外界温度不在体热平衡区时,机体温度调节机制就无法使体温维持在正常范围内,动物的健康状况就会进一步恶化,严重时会出现死亡。大多数哺乳动物在核心体温达到 42～45℃,即高于正常体温 3～6℃时死亡。

奶牛耐寒怕热，且体格较大，与体型小的动物相比，等热区相对较宽。但由于等热区受年龄、品种、身体状况、生产水平、泌乳阶段、妊娠与否、饲养方式、被毛类型及环境适应性等因素的影响，因此奶牛的等热区范围其实并无定论，一般认为在－5～25℃，也有报道为5～25℃或4～21℃。奶牛的上限临界温度范围为24～27℃，采食量开始降低的温度低于产奶量开始下降的温度。犊牛的等热区范围比成年牛的窄，为15～25℃；上限临界温度高于成年牛，为25～32℃。奶牛的下限临界温度随产奶量的升高而降低，但与上限临界温度相比，变异范围很大：以泌乳量下降为依据时，奶牛的下限临界温度为－4℃、－5℃或0℃，也有资料报道日产奶量为30kg的奶牛其下限临界温度为－37～－16℃。而澳大利亚农业委员会反刍动物分会（1990）规定日泌乳量为9 L、23 L和36 L的奶牛，其下限临界温度分别为－17℃、－26℃和－33℃。据报道，犊牛的下限临界温度为0～18℃，而新生犊牛的为8～13℃。

环境温度对奶牛的影响一般通过双向连续的温度区域表示（图2-1）。

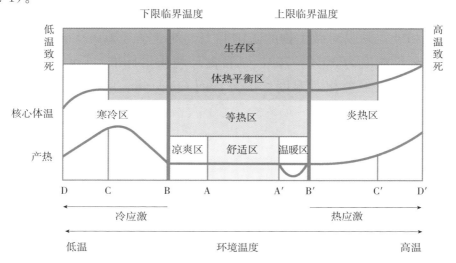

图 2-1　不同温度区与奶牛冷热应激的关系

（资料来源：Van Laer，2015）

（二）湿度

在适宜的温度下，湿度对奶牛的散热几乎没有影响，且短时间的高湿还有利于空气净化。但是在高温环境中，高湿会使奶牛机体散热更加困难，加剧热应激；而在低温时，高湿会使机体可感散热大幅提高，加剧冷应激。因此，高湿会加剧奶牛的冷应激和热应激，而无论是寒冷还是炎热，较低的相对湿度都有利于缓和奶牛出现的应激。普遍认为，当环境温度在−5～20℃时，60%～80%的相对湿度不会诱发奶牛明显的生理或行为学变化。也有研究认为，当气温≤24℃时，湿度的高低对泌乳奶牛的产奶量、乳成分、采食量、饮水量和体重基本没有影响。但当气温＞24℃时，随着相对湿度的提高，奶牛的泌乳量和采食量都下降。高湿对乳糖的影响较小，但会造成乳脂率下降。气温在35℃以上时，奶牛的繁殖率与相对湿度呈高度负相关。此外，高湿环境有利于病原微生物和寄生虫的生长，饲料和垫草容易发生霉变，奶牛的抵抗力降低，发病率增加。但湿度过低时，空气过分干燥，特别是高温时的低湿会降低皮肤和外露黏膜对微生物的防御能力。刘继军（2016）推荐奶牛适宜的环境湿度为50%～70%，《畜禽环境质量标准》（NY/T 388—1999）要求牛舍相对湿度≤80%；而 Quintana 等（2020）建议奶牛的环境湿度为55%～75%。

（三）气流

气流主要影响奶牛的对流散热和蒸发散热，影响程度因舍内气流速度、温度和湿度不同而异。高温时，只要空气温度低于奶牛皮肤温度，增加其流速便可提高对流散热，但过高气温下的高风速反而会导致机体得热。提高气流速度有利于体表水分蒸发，故风速与蒸发散热量成正比。因此，高温环境中，提高风速一般可以减少奶牛产奶量和采食量的下降幅度。但当气温高于体表温度时，对于汗腺不发达的奶牛，必须采取措施如打湿其体表（如喷淋）来提高蒸发散热的速度，以起到明显的降温效果。但湿度增加不利于风速提高蒸发散热量，故高湿环境中喷淋降温的效果不如低湿环境。低温环境中，减小气流速度有利于机体保温，缓解奶牛的冷应激。此时，舍饲奶牛应注意严防贼风，放牧奶牛应注意在严寒中避风，尤其是在夜间。

牛舍风速尚无统一标准。北京市典型散栏式牛舍，风速冬季为 0.28～0.54m/s，夏季为 1.99～2.46m/s。刘继军（2016）推荐，奶牛舍的适宜风速冬季为 0.3～0.4m/s，夏季为 0.8～1.0m/s。而美国威斯康星州建议，高温环境中泌乳牛舍的风速应达到 1～2m/s。有研究认为，奶牛热应激期间有效的空气流速为 1.8～2.8m/s，而使用大于 1.0m/s 的风速同时打湿牛体可以有效降温。

（四）太阳辐射

适度的太阳辐射具有促进奶牛新陈代谢、加速血液循环、增进健康和调节钙磷代谢等作用。但在炎热的气候条件下，强烈的太阳辐射长时间作用于奶牛，有可能烧伤奶牛皮肤和破坏热平衡，奶牛甚至会因发生日射病而死亡。在舍外无遮阳的环境中，奶牛主要受太阳和地表辐射热的影响；而在开放式或半开放式舍内，奶牛主要受太阳散射及牛舍天棚和墙壁辐射热的影响。为了保证奶牛的体热平衡，夏季可在运动场搭建遮阳凉棚来避免太阳光的直射；另外，还应结合牛场环境绿化、加强牛舍屋顶和墙壁隔热设计等措施来减少太阳辐射对奶牛造成的不利影响。太阳辐射是放牧条件下奶牛环境的主要决定因素，但舍饲条件下对奶牛的影响相对较小。

二、温热环境对奶牛的影响

（一）对生理的影响

正常环境条件下，奶牛通过自身调节来维持机体的热平衡，即机体产热和散热之间的平衡。奶牛的呼吸频率和直肠温度是随温热环境变化最显著的生理指标。按每分钟的呼吸次数（breaths per minute，bpm）计算，正常情况下，奶牛的呼吸次数为 8～30 bpm；当环境温度为 10～20℃时，奶牛的呼吸次数为 20 bpm；当环境温度升高到 25℃时，奶牛的呼吸次数为 50～60 bpm；当环境温度超过 32.0℃时，奶牛的呼吸次数与环境温度成正比，可以上升到 120 bpm，甚至超过 160 bpm。当环境温度过高而奶牛不能进行有效散热时，其直肠温度会不断升高。直肠温度的升高会引起呼吸频率加快，当环境温度达到 39.3℃时呼吸频率急剧升高。例如，当环境温湿指数（temperature humidity index，THI）从 72 升高到 93 时，荷斯坦奶牛的直肠温度增加 0.47℃，呼吸频率增加 37.1%。正常情况下，奶牛直肠温度相对稳定，平均为（38.3±0.5）℃。直肠温度超过正常范围就会影响奶牛的生产性能。热应激状态下，THI 每升高 1 个单位，奶牛的直肠温度就会升高 0.12℃，呼吸频率升高的时间早于直肠温度升高的时间。热应激会显著升高奶牛的直肠温度，且泌乳早期奶牛更容易受到热应激的影响。

（二）对行为的影响

奶牛的行为主要包括站立、游走、躺卧、摄食、反刍、饮水、排粪和排尿等，其行为变化是指奶牛对刺激或内外环境变化所作出的外在反应，是奶牛适应环境改变的一种方式，反映了奶牛的生理需要与环境条件应答之间的关系。外界环境的改变能使奶牛产生应激或不良反应，即破坏其机体内环境的稳态，进一步使奶牛生理反应、生产性能及健康状况受到严重影响。因此，奶牛在其生物学适应和功能上的特定行为说明了其内环境的平衡情况，即奶牛的行为状态可有效反映其健康状态。

奶牛耐寒怕热的生理特点使其行为也极易受到温热环境因素的影响。当 THI 超过 68 时，奶牛的维持行为就会受到影响。夏季高温高湿环境中，奶牛的站立时间和游走时间显著增加，而且会主动寻求阴凉、舒适的场所。奶牛的反刍时间一般为 7～10h，在慢性热应激期反刍时间会缩短，饮水、排粪、排尿次数会增加。当 THI＞74 时，反刍时间尤其是日反刍时间显著减少，且泌乳后期的减少幅度大于泌乳早期和泌乳中期。当遭受热应激时，奶牛的躺卧时间减少，随着应激程度的增加，白天的躺卧时间会减少更多。

（三）对采食量和消化率的影响

采食量的多少会影响奶牛生产性能的高低。低温环境中，奶牛通过增加采食量来维持机体的产热量。当外界环境温度升高时，奶牛会自动减少干物质的采食量（dry matter intake，DMI），用以降低产热量，维持体温平衡。当环境温度为 22～25℃时，泌乳奶牛的采食量出现下降趋势，32℃ 时下降 20％，40℃ 时下降 40％，40℃以上时部分不耐热奶牛基本停止采食。犊牛的采食量在环境温度达到 25～27℃时开始下降。当 THI 从 42 升至 68 时，泌乳奶牛对干物质的采食量升高 7.6％；而当 THI 从 69 升至 80 时，泌乳奶牛对干物质的采食量下降 20.2％。原因可能是高温延长了食糜在瘤胃内的通过时间，胃的紧张度升高，作用于胃壁上的胃伸张感受器传至下丘脑的厌食中枢。同时，温度也可直接通过感觉器作用于下丘脑的厌食中枢。此外，温度升高使奶牛饮水量急剧增加，最终

导致采食量减少。

热应激不仅造成奶牛的采食量下降，而且影响饲料中各种养分的消化率。当环境温度从 21.80℃升至 32.58℃时，泌乳中期奶牛对干物质、粗蛋白质（crude protein，CP）、中性洗涤纤维和酸性洗涤纤维的消化率分别下降 10.77%、10.03%、12.92% 和 17.62%。饲料养分消化率的降低与瘤胃形态和内环境紊乱密切相关。在高温高湿环境下，奶牛采食量减少，进入瘤胃的发酵底物减少，从而导致瘤胃乳头宽度、周长及表面积减少，不利于瘤胃发酵；同时，热应激状态下奶牛饮水量增加，导致瘤胃液被稀释，流经瘤胃上皮的血液量减少，酸碱平衡被打破，从而引起瘤胃内环境尤其是 pH 和渗透压改变，导致菌群活性降低和消化障碍。低温会导致奶牛对饲料的消化率降低，其主要原因在于低温使消化道蠕动次数增加，日粮在消化道中停留的时间缩短，致使其中的微生物及自身消化酶的作用不能得到充分发挥，已消化的养分不能被充分吸收而随粪便排出体外。因此，采食量越大的奶牛，其在寒冷环境中的消化率下降得越严重。

（四）对生产性能的影响

当外界环境温度为 20℃时，奶牛的产奶量达到峰值，一旦环境温度超过 20℃其产奶量就会受到影响。产奶量的降低幅度和热应激对奶牛造成的严重程度与热应激的持续时间密切相关。一般情况下，当 THI 大于 68 时，奶牛的生产性能开始下降，THI 每升高 1 个单位，产奶量下降 0.4～0.72kg；而在不同应激程度环境中，奶牛的产奶量降低幅度在 2kg 左右。在热应激条件下，产奶量降低与采食量下降和机体内分泌机能紊乱直接相关。当体温为 38℃时，奶牛的产奶效率最高。若体温持续上升，即使升高 1℃也会影响奶牛乳腺组织的发育，进而影响产奶量。热应激不仅降低产奶量，还影响乳成分。众多研究表明，当奶牛遭受热应激时，奶中的主要营养物质，如乳脂、乳蛋白、乳糖及固形物含量均会随着外界环境温度的升高而降低。当环境温度从 18℃ 上升至 30℃ 时，奶中的乳脂、乳蛋白和非乳脂固形物含量分别降低 16.9%、39.7% 和 18.9%。干奶期奶牛遭受热应激时，不仅会降低其后续泌乳期的产奶量，而且会通过跨代效应影响后代的产奶量。与干奶期采取降温措施的奶牛相比，干奶期热应激奶牛后续泌乳期的产奶量平均降低 3.6kg/d，降幅约 10.3%，且其后代各泌乳期的产奶量也会受到影响。这可能在一定程度上与子宫内热应激改变了犊牛肝脏和乳腺 DNA 的甲基化谱有关。

与热应激相比，冷应激对奶牛生产性能的影响较小。在我国北方地区，当环境温度从 12.76℃ 升至 31.80℃ 时，奶牛日产奶量下降了 1.34kg，乳脂、乳蛋白、乳糖和干物质含量分别降低了 10.02%、4.24%、1.20% 和 4.67%；而当环境温度从 12.76℃ 降至 −6.70℃ 时，奶牛日产奶量下降了 1.13kg，乳脂和乳蛋白含量分别降低了 5.13% 和 1.21%。在恒温饮水、饲料营养水平较高且舍内风速较小的前提下，500kg 体重的奶牛日产奶为 9kg 时其下限临界温度可达 −24℃。研究认为，当环境温度控制在 −10℃ 以上、相对湿度不超过 85% 时，不会影响奶牛的生产性能。此外，冷应激对分娩月份不同的奶牛产奶量的影响差异很大。若分娩的奶牛刚到达产奶高峰便遭遇冷应激，则产奶量会出现迅速而明显的下降，高峰平台期损失严重。

（五）对繁殖性能的影响

温热环境还与奶牛的性成熟、卵子形成、精液质量、胚胎发育等繁殖机能密切相关。夏季高温或冬季低温都可以抑制下丘脑-垂体-性腺轴的调控，使促黄体素和睾酮的分泌量减少，最终降低奶

牛的繁殖性能。与秋季相比，冬季低温下的公牛其体内血清促黄体素和睾酮含量明显降低，而夏季明显延长了荷斯坦奶牛的空怀期。热应激使母牛发情持续时间缩短，发情周期延长，发情表现不明显，影响适时配种。另外，热应激还会造成成年母牛受精后受胎率降低、早期胚胎死亡率增加、妊娠率降低，以及妊娠母牛流产、胎儿畸形等生殖障碍，并通过改变奶牛血清促黄体素、雌二醇、孕酮等孕激素的浓度进而影响奶牛发情周期、卵子质量、胚胎发育及妊娠率。研究发现，输精后 1d 的最高气温与受胎率关系更为密切，如最高气温由 21.1℃升到 35℃，则受胎率可由 40%降到 32%。同时，热应激期受胎率下降，与繁殖相关的疾病增加。干奶期热应激会降低母牛的繁殖力和免疫力，以及犊牛的出生重和生长速度，而犊牛出生重的降低可能与产前热应激导致母牛胎盘功能受损、胎儿营养供应不足有关。与舒适环境相比，高温高湿环境下犊牛的出生重和 60 日龄体重偏低。

总之，热应激对繁殖性能的影响表现有：①导致奶牛皮肤血流速度加快，深部血流不足，胚胎所需养分不足，胎盘重量下降；②导致机体免疫力下降，食欲减退，营养不足；③导致生殖道过热和激素分泌紊乱，影响受精卵的发育和附植。

（六）对免疫机能的影响

急性和慢性热应激都会使奶牛的免疫功能受到抑制。热应激可引起白细胞、红细胞及单核细胞等的总数发生显著变化，进而影响奶牛的免疫功能。当热应激程度较低时，奶牛可通过自身调节来适应；但随着热应激程度的增加，淋巴细胞的死亡率显著升高，奶牛免疫能力下降，特异性反应减弱，浆细胞抗体的产生和体液免疫均受到抑制，介导炎症反应的能力下降；另外，热应激会阻碍抗原的识别递呈和抗体的活化增殖，导致免疫应答及时清除抗原的能力受到抑制，奶牛的特异性免疫能力下降，最终使得奶牛感染疾病的风险增加，健康受损。

热应激也会通过影响免疫细胞因子进而影响奶牛的免疫功能。在热应激条件下，奶牛血清中 IL-2、IL-6 和 IL-10 的含量较低，IL-4、IL-8 的含量较高，说明此时泌乳奶牛机体的免疫力降低。也有研究显示，血清中 IL-10 的含量随热应激程度的升高而逐步增加。高热环境下奶牛血清炎症的关键因子 TNF-α 浓度显著升高，说明应激影响了奶牛的先天性及后天获得性免疫机能。

总之，当奶牛发生热应激时，体内淋巴细胞功能受到抑制，免疫因子（白介素、干扰素-γ 和 TNF-α 等）含量发生变化，进而抑制了免疫系统功能的发挥，减弱了奶牛的抗病能力，增加了奶牛易感疾病的风险。

第二节　空气环境及其对奶牛的影响

空气环境是影响奶牛健康状况和生产水平的重要因素。当空气环境适宜时，奶牛可以保持正常的生理机能；但若空气环境受到有害物质的污染或空气中的有害物质含量超标，就可能给奶牛带来不良影响，甚至引发疾病或死亡。

一、空气环境

奶牛养殖场中的空气环境主要指牛场或牛舍空气中的有害气体、悬浮颗粒物和微生物含量等，主要受大气组分、奶牛代谢及环境有机物分解的影响。由于大气组分相对稳定，因此对牛场空气质量的影响较小，而奶牛代谢和环境中有机物的分解主要取决于奶牛饲养密度、饲粮组成、环境温湿度、牛舍通风状况及粪污处理状况等。奶牛饲养中，应结合当地的气候特点，选择合适的牛舍设计类

型及管理方式，以保证舍内外的空气环境能够达到奶牛健康生产的要求。

（一）有害气体

奶牛呼吸、排泄，以及排泄物、垫料和饲料中的有机物分解，均会造成空气主要组成成分的变化和一些有毒有害成分的出现。例如，当空气中二氧化碳（CO_2）含量增多、氮气和氧气比例减少时，则氨气（NH_3）、硫化氢（H_2S）、一氧化碳（CO）、甲烷（CH_4）等有毒有害气体就会增加，这些有害气体含量过高时就会严重影响奶牛的生产和健康。

1. 温室气体　全球范围内，牛每年产生的温室气体 CO_2 当量（CO_2e）为 5 335 t，约占排放总量的 11%，而奶牛生产的排放量占人为排放量的 4%。牛场的温室气体主要来自奶牛肠道发酵、粪便贮存、粪肥施用、田间氮肥施用及牛场能源消耗等（图 2-2）。液态奶供应链中，72% 的温室气体排放发生在牛奶离开牛场之前，故牛场是奶业生产中温室气体排放的主要贡献者。奶牛场排放的温室气体主要是 CH_4、N_2O 和人为来源的 CO_2，其排放量主要受奶牛养殖模式、设施类型、粪便管理等因素的影响。各类气体对牛场温室气体的贡献率差异较大：CH_4 为 34%～63%，N_2O 为 24%～40%，CO_2 为 5%～29%。我国规模化奶牛生产系统排放的温室气体中，CH_4、N_2O 和 CO_2 的占比分别为 48%、32% 和 20%。牛场排放的 CH_4 主要来自肠道发酵和粪便贮存过程。N_2O 既有牛场直接排放的，也有间接转化而来的。其中，直接排放的 N_2O 主要是由硝化和反硝化作用在粪便贮存、粪肥施用及氮肥施用过程中产生的，肠道发酵也会产生少量的 N_2O；间接排放的 N_2O 则是由牛场 NH_3 和硝酸盐转化生成的。牛场以温室气体估计的 CO_2 主要是指人为来源的，包括牛场设备消耗的化石燃料及农田氮肥分解所产生

的 CO_2，比例约占牛场温室气体总排放量的 5％。

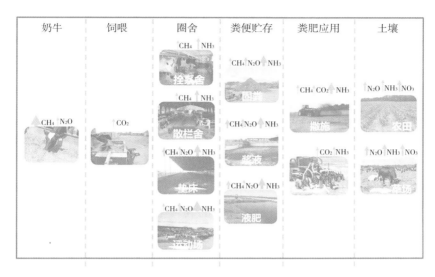

图 2-2　奶牛场温室气体的直接来源和间接来源及其相对排放量（用粗细箭头表示）
（资料来源：Rotz，2018）

2. 有毒有害气体　奶牛场排放的有毒有害气体主要是 NH_3 和 H_2S。其中，NH_3 对人和奶牛的健康、空气质量及生态系统都有不利影响，是一种重要的大气污染物。全球人为 NH_3 排放量的 96％来自农业，而农业排放量的 72％来自畜禽养殖，奶牛生产是重要来源之一。2009 年，我国奶牛生产的 NH_3 排放量占全国 NH_3 总排放量的 8.9％，这一数据到 2030 年估计将上升至 15％。奶牛生产中排放的 NH_3 来自微生物对牛场粪尿、饲料残渣和垫料中含氮有机物的分解，其中粪尿含氮物是主要来源。由于尿中的含氮物主要为尿素，与粪中含氮物相比，尿中含氮物的水解速度和程度更高，故牛场排放的 NH_3 主要来自尿液。而当尿液与脲酶活性更高的粪便接触或混合后，尿素被水解为 NH_3 的速度就会更快。此外，粪尿中 NH_3 的排放还受介质 NH_4^+ 与 NH_3 的动态平衡、pH、环境温度、风速和粪肥表面状况等因素的影响。凡是影响粪尿含氮量、粪尿接触或混合程度、环境温度、通风、粪尿 pH 和粪肥表面 NH_3

挥发的因素，均会影响牛场 NH_3 的排放。奶牛生产中，牛舍、粪便贮存和田间施用过程都会排放 NH_3。养殖模式不同，各生产环节 NH_3 的排放量不同。采用实体地面牛舍养殖时，牛舍是 NH_3 的最大排放贡献者，其次为粪便贮存过程；而采用堆肥垫床牛舍时，则粪便贮存是 NH_3 的最大排放贡献者，其次是牛舍；粪肥田间施用过程 NH_3 的排放量相对较小，占 NH_3 总排放量的 6.9% ~ 9.9%。不考虑田间施肥，仅就牛场而言，NH_3 的年均排放量从大到小依次为牛舍、污水贮存区和粪便堆肥区。

牛场空气中的 H_2S 主要由粪尿中含硫的有机物分解产生，当奶牛采食富含蛋白质的饲料而出现消化不良时，也可由肠道排出少量的 H_2S。

（二）悬浮颗粒物

悬浮颗粒物也称尘，指悬浮在气体介质中的固体或液体微粒，是大气中危害最大的污染物。奶牛生产中，草料生产、奶牛活动、牛舍通风、粪便清理、牛体刷拭、圈舍打扫、垫料翻动等过程都可导致空气中的颗粒物增加。牛场空气中的颗粒物属于有机颗粒物，其中含有 C、H、O、N、S、Ca、Na、Mg、Al 和 K 等多种元素，表面还吸附有真菌、细菌、病毒，以及内毒素、过敏原、螨虫、NH_3、H_2S 等有害物质。悬浮颗粒物的组成与粪便、垫料、饲料残粒及被毛碎屑等的组成有关。

（三）空气微生物

空气微生物也是衡量牛场空气质量的重要标志。空气本身并不具有固定的微生物群系，但人和奶牛的活动使细菌、真菌、病毒等微生物在牛舍或牛场空气中形成了一个相对稳定的体系。空气本身对微生物的生存不利，牛舍或牛场外由于受大气稀释、空气流动和日光照射等影响，因此病原微生物的数量较少。但舍内由于空气中的颗粒物多、紫外线辐射少、空气流速慢及微生物来源多等，因此空气微生物的数量往往较大气和其他场所的多，并可能存在来自牛体的某些病原微生物，尤其是在通风不良、饲养密度较大和环境管理不当的情况下。牛舍空气中的微生物主要来自饲养过程中人和牛的活动，其数量取决于舍内卫生状况、饲养密度及人和牛的活动情况等，一般同舍内颗粒物的多少有直接关系。凡是能使空气中颗粒物增多的因素都会增加空气微生物的数量，如干扫地面和墙壁、刷拭奶牛，以及奶牛咳嗽、打喷嚏、争斗等。牛场和牛舍粪污也是空气微生物的重要来源，舍内粪污堆积或清理不彻底时都会增加空气中微生物的数量，而舍内饲料、垫料、奶牛脱落的毛发、皮肤分泌物等也会增加空气中微生物的数量。若舍内有受感染而携带病原微生物的奶牛，则可以通过打喷嚏、咳嗽等途径将病原微生物散播到空气中，造成疾病传播。同时，舍内空气微生物也可能来自外界环境，如舍内真菌大多来自舍外土壤，而自外界传入的一些病原微生物也可能导致奶牛和人员患病。

二、空气环境对奶牛的影响

（一）有害气体的影响

1. CO_2 对奶牛而言，CO_2本身并无毒性，但其浓度过高时会引起奶牛缺氧。而奶牛长期处于缺氧环境，就会出现精神萎靡、食欲下降、体质虚弱和生产性能下降等状况。当CO_2的浓度为1%时，奶牛呼吸速度加快，会出现轻微喘息现象；当浓度为2%时，奶牛在其中停留4h，其代谢能力会下降24%～26%；当浓度为4%时，血液中发生CO_2积累；当浓度为10%时，奶牛会出现严重

气喘，呈现麻痹症状；当浓度达 25％ 时，奶牛在数小时内即可窒息死亡。生产中，尽管牛场（舍）内的 CO_2 含量会高于大气中，但一般很少能达到有害程度。生产中重视 CO_2 是因为其是牛舍中的常在气体，且易于测定，其浓度是牛舍通风状况和空气污浊程度的重要指标，检测 CO_2 含量可以间接反映舍内空气环境质量。若奶牛生产中管理不当、通风不良或饲养密度过高，则舍内 CO_2 的含量就会增加，其他有害气体的含量也会增多，最终导致空气质量下降。

2. NH_3 奶牛食入的氮素通过粪尿以 NH_3 的形式挥发，既是饲料养分的损失，也是肥料养分的损失。这些挥发掉的 NH_3 不仅危害奶牛和牛场工作人员的健康，而且危害场外生态环境，尤其是进入大气后会污染空气、土壤和水。舍内 NH_3 浓度过高对奶牛生产和健康均具有不利影响，主要是降低奶牛的抗病力和生产力，引发呼吸道疾病和视觉障碍。但长期生活在低浓度 NH_3 环境中的奶牛，尽管可能没有明显病症，也会出现采食量降低、消化率下降、对疾病的抵抗力减弱等情况。附着在奶牛呼吸道上的 NH_3，遇水后产生的 NH_4^+ 可对呼吸道黏膜产生碱性刺激，引起咳嗽和气管炎；NH_3 也会刺激奶牛眼结膜，使黏膜发炎充血，出现流泪、发炎现象，严重时可导致失明。经呼吸道进入血液的 NH_3，与血红蛋白结合后降低了血红蛋白的携氧能力，引起奶牛贫血和组织缺氧，严重时可造成碱性化学性灼伤，出现坏死性支气管炎、水肿出血、呼吸困难等情况。另外，高浓度 NH_3 还可造成组织蛋白变性，导致脑代谢障碍，影响机体的代谢机能和免疫机能。NH_3 也会危害牛场工作人员的身体健康，长时间接触低浓度 NH_3 会引发慢性鼻炎、咽炎、喉痛、声哑等问题，而高浓度 NH_3 会破坏人的皮肤、眼睛和呼吸器官黏膜，吸入过多甚至可能引起肺肿胀。

作为一种具有强烈性臭味的气体，排放进入大气中的 NH_3 会降低空气质量，影响牛场周围居民的日常生活。NH_3 虽然不是温室气体，但因与 N_2O 的间接生成有关，所以其排放对全球气候变暖也会产生影响。此外，NH_3 随着大气沉降进入土壤和水体后，会造成土壤酸化、板结和水体的富营养化；同时，NH_3 在大气二次颗粒物的形成中也扮演着重要角色，其与大气中的酸性物质所形成的硫酸盐和硝酸盐是空气中细颗粒物（PM2.5）的重要组成部分。而 PM2.5 与大气能见度、雾霾的形成密切相关，并严重危害人体健康。

3. H_2S H_2S 是牛场臭气的主要成分，并具有强烈的刺激性和神经毒性，含量过高时会威胁奶牛和工作人员健康。H_2S 对奶牛眼睛和呼吸系统的伤害较大，可引起眼部疾病和呼吸系统疾病，这主要是 H_2S 遇水溶解形成的氢硫酸对黏膜有刺激性和腐蚀性。低浓度 H_2S 长时间刺激会导致奶牛体重减轻、体质和抗病力减弱，出现胃肠炎和心脏衰弱等情况。H_2S 还可使妊娠奶牛的分娩时间增加，影响繁殖能力。由于 H_2S 的密度高于空气，因此会在通风较差的区域中积聚。此外，H_2S 的排放会导致大气中硫化合物的含量增加，这些硫化物会通过氧化形成次级气溶胶并转化为硫酸气溶胶的方式进而污染大气环境。

（二）悬浮颗粒物的影响

有关悬浮颗粒物对奶牛影响的直接研究较少，但在环境领域和其他动物模型上的研究表明，养殖场中的悬浮颗粒物自形成和排出后就会迅速发生物理和化学变化，并不断扩散传播，不仅危害人畜健康，而且污染环境。在健康危害方面，悬浮颗粒物可以吸附空气中的有害气体和微生物成为疾病的传播媒介，引起传染病和呼吸道疾病；养殖场（舍）内的悬浮颗粒物落到奶牛体表上，可引起皮肤发痒或皮炎；进入呼吸系统后会引起支气管炎、气管炎、肺炎、尘肺病、肺气肿或肺癌等疾病。在环境危害方面，悬浮颗粒物可以导致空气能见度降低，形成酸雨及产生温室效应等；此外，悬浮颗粒

物还可吸附刺激性气体和异味化合物，导致牛舍异味。

（三）空气微生物的影响

牛场空气微生物主要影响奶牛和工作人员的健康，同时也会影响牛奶质量。牛舍内，来自奶牛粪便、垫草、其他排泄物中的微生物及其代谢产物会附着在粉尘上并积聚形成微生物气溶胶，且舍内的空气微生物也会通过气体交换向周围环境散布，使舍内外和邻近空气形成较高的微生物浓度，极有可能会造成一些疾病的流行与传播。此外，牛场（舍）内空气微生物的数量和种类与挤奶厅中的高度相似，浓度增加会导致乳中体细胞和嗜常温细菌数量的增加，导致奶品质恶化。

第三节　饲养密度及其对奶牛的影响

在有限的空间内饲养尽可能多的奶牛，可以减少饲养成本，充分利用设备设施。但奶牛需要一定的空间来进行采食、饮水和躺卧等行为，如果在有限的空间内饲养的奶牛过多，则其站立、躺卧、采食、反刍等行为会发生改变，奶牛产奶量、福利、健康状态和繁殖性能也都会受到影响。因此，奶牛场需要在奶牛福利和生产效益之间进行权衡，寻找最佳平衡点，既能满足奶牛的天性又能达到生产效益的最大化。

一、饲养密度

饲养密度通常用来表示奶牛与资源需求之间的关系，是奶牛饲养密集程度的一种度量，一般通过奶牛所占的资源数进行计算。由于目前大部分奶牛场采用散栏饲养模式，因此可以通过牛舍平均每个卧床的牛数、平均每头奶牛的饲槽空间、平均每个颈夹的牛数等指标来计算。奶牛场主要通过两种方式来改变饲养密度。一是转入或转出奶牛；二是改变牛舍的可利用资源数。理论上，对于以平均每个卧床的奶牛数计算的饲养密度，奶牛场应该至少能够保证平均每个卧床有一头奶牛，即100％的饲养密度。但一头奶牛的每日平均躺卧时间为11～13h，所以一定程度上增加每个卧床的奶牛数量也能够保证奶牛正常的躺卧时间。因此，饲养密度需要根据实际奶牛的生理阶段等情况制订，不同情况下的适宜饲养密度也各不相同。若饲养密度以平均每个卧床的奶牛数计算，目前加拿大散栏饲养的奶牛场饲养密度为52％～160％，平均为104％，60％的奶牛场饲养密度低于100％，只有7％的奶牛场饲养密度大于120％。西班牙的情况与加拿大的相似，平均饲养密度为110％，饲养密度大于100％的奶牛场占29％。而美国的饲养密度为71％～197％，东北部的奶牛场平均为142％，80％以上的奶牛场高于100％。因此，大部分奶牛场都可能会经历过度饲养的情况。

饲养密度过低一般不会对奶牛产生影响，但在饲养成本和资源利用率上会有一定的损失，而饲养密度过高通常发生在牛群增长规模超出牛舍容纳范围时。如果牛舍饲养密度过高，则奶牛在牛舍可利用的饲料、水等资源就会减少，这会加剧奶牛对资源的竞争；同时，奶牛的站立、躺卧、采食、反刍等行为会发生改变，产奶量、福利、健康状态和繁殖性能也都会受到影响。

二、饲养密度对奶牛的影响

奶牛每日的行为都有一定的时间分配，其24h行为时间分配表示了奶牛对环境的适应程度。而饲养密度恰恰是奶牛应对环境的一个因素，因此饲养密度的高低会对奶牛行为产生一定的影响。饲养密度过高，在受其他奶牛干扰时，奶牛的某些行为需求就得不到满足。

（一）对行为的影响

1. 站立和躺卧行为　若饲养密度（牛数/卧床数）低于100％，则奶牛的躺卧时间会随着饲养密度的下降而略有增加。但是即使在低饲养密度的情况下，仍存在奶牛对卧床的竞争情况，这可能是由于卧床条件不同而导致的，如奶牛会争抢更靠近采食通道的卧床，进而影响躺卧时间。

饲养密度（牛数/卧床数）的增加会减少奶牛可利用的卧床数量，从而减少躺卧时间，增加站立时间。当饲养密度高于100％时，奶牛躺卧时间会减少，但减少程度会因饲养密度的增加程度不同而有所改变。若饲养密度由100％逐渐增加到150％时，则泌乳奶牛的卧床竞争会加剧，每日躺卧时间由12.9h逐渐下降至11.2h。而饲养密度分别增加至200％和303％时，奶牛的每日躺卧时间分别减少3.8h和7.3h。高饲养密度条件下，躺卧时间减少，相应的站立时间就会增加。但是奶牛并不会将此时间用在采食上，而是会站在卧床附近，等待卧床空出，或者抢占弱势奶牛的卧床，以此弥补自己躺卧时间的损失。当饲养密度为150％时，奶牛对卧床的竞争率是饲养密度为100％情况下的3倍。

此外，若饲养密度过高、卧床数量过少时，则奶牛的作息规律也会因此改变。奶牛一般在白天采食，夜晚躺卧时间较长。而在卧床有限的情况下，夜晚奶牛对卧床的争抢会更加激烈，躺卧时间也会相应减少。并且在高饲养密度下，尤其是社群地位较低的奶牛，其在夜晚的躺卧时间会显著减少。

躺卧时间的变化也会因奶牛社群地位的不同而有所差异。即使在饲养密度为100％时，牛群中社群地位较低的奶牛其躺卧时间也较少，在过道站立的时间会更长。随着饲养密度的增加，社群地位较低的奶牛其躺卧时间减少的幅度也更大。

2. 采食行为　奶牛的采食高峰通常发生在投放新鲜饲料和挤奶之后，此时其对饲料的竞争更容易发生。饲养密度增加，每头奶牛所利用的资源数量减少，奶牛之间的竞争也会更加激烈。如果通过改变饲槽的采食空间、颈夹数或者其他方式来改变饲养密度，则奶牛的采食也会受到影响。在 200% 的高饲养密度（牛数/电子采食槽）下，围产期奶牛的采食竞争次数是 100% 饲养密度条件下的 2 倍。若将饲养密度（牛数/颈夹数）调整为 80%，相比于 100% 的饲养密度，则围产期奶牛在采食槽的竞争次数就会减少。或将每头牛的饲槽空间由 0.5m 提升至 1m，则奶牛在采食时的争斗也会减少。此外，限制采食空间会加剧奶牛采食时的争斗行为，这一结果对弱势奶牛的影响较大，会影响其正常采食。在饲槽采食空间减少时，弱势奶牛的采食行为会受到抑制。

饲养密度增加会导致奶牛采食的竞争加剧，因此采食时间也会相应减少。相比于 100% 的饲养密度，将饲养密度（牛数/颈夹数）提升至 130% 时奶牛的采食时间会减少 5%。在干奶期增加饲养密度（牛数/颈夹数）和减少采食空间，会增加奶牛的采食竞争，减少采食时间。此外，奶牛的采食频率、采食速率等也会增加，以尽可能地维持自身的干物质采食量。当饲养密度（牛数/采食槽数）从 100% 增加至 200% 时，泌乳中期奶牛的采食速率会增加 20 g/min。在 200% 的高饲养密度条件下（牛数/电子采食槽），相比于 100% 的饲养密度，围产前期的奶牛其采食速率会增加，并且挑食现象更严重。这些都是奶牛对饲养密度变化适应的体现。

在高饲养密度条件下，可能并不容易观察到奶牛采食时间和采食量的变化，这可能与不同的饲养密度、饲槽空间、投料次数和投料时间等有一定的关系。若仅通过卧床供给来改变饲养密度，虽然卧床数量有限，但是奶牛的采食空间并没有发生改变，因此采食也可能不会受到限制；另外，奶牛不会将损失的躺卧时

间用于采食，而是将此时间用来站立，等待卧床空出进行躺卧。由于奶牛会优先补偿躺卧时间的损失，因此当饲养密度较高时，采食时间的变化相比于躺卧时间可能更不容易被观察到。此外研究发现，14d短期改变泌乳牛群的饲养密度（牛数/颈夹数）时，则泌乳中期奶牛的采食频率和采食间隔时间并没有发生改变。这也在一定程度上表明，泌乳奶牛能够通过一定的改变以适应短时间内饲养密度的变化。

3. 反刍行为 奶牛一般在躺卧的时候进行反刍，但同时反刍也与奶牛的采食密切相关：一方面采食量的高低会影响反刍时间的长短，另一方面采食与反刍不能同时进行，采食时间同样也会影响反刍的发生。因此当饲养密度对躺卧和采食行为产生影响时，反刍时间同样也会受到影响。当饲养密度（牛数/卧床数）从100%增加到130%时，四列牛舍中反刍奶牛的比例会下降10%。

但是饲养密度对奶牛反刍行为的影响容易受其他因素的影响。当饲养密度从67%增加到114%时，奶牛的反刍时间并没有发生改变。类似的，在142%的饲养密度下，总反刍时间并未发生改变，但是泌乳牛在过道站立反刍的时间显著增加，在卧床上躺卧时的反刍时间减少。在短期内泌乳奶牛的饲养密度从100%逐渐增加至142%时，总反刍时间并没有改变；而与100%组相比，142%组的泌乳奶牛在卧床的反刍时间减少。产生这种差异的原因与日粮、投料次数、推料次数等因素有关，因为粗饲料等也是影响奶牛反刍行为的主要因素之一。

4. 其他行为 饲养密度增加，奶牛在有限空间内获取的资源减少，这必然会引起奶牛之间对卧床、饲料、空间、饮水等的争斗行为，因此奶牛的正常行为也会受到影响。此外，社群地位较低的奶牛在进行走动、采食等时也会受到社群地位较高的奶牛的限制。但饲养密度的增加主要还是奶牛之间出现争斗行为的原因。

（二）对生产性能的影响

饲养密度（牛数/卧床数）对产奶量的影响显著，并且与产奶量之间存在线性关系：饲养密度越高，产奶量越低。将饲养密度（牛数/卧床数）从 100% 增加到 145% 时，泌乳奶牛的每日产奶量降低了 1.50kg。饲养密度与产奶量的关系可能是由于躺卧时间与产奶量存在正相关关系，饲养密度增加，躺卧时间就会降低，所以产奶量也就相应越低。除此之外，饲养密度过高可能还会引起蹄病、亚急性瘤胃酸中毒等疾病，这也会对产奶量产生负面影响。

头胎牛的产奶量更容易受饲养密度的影响。当头胎牛与成年母牛混群时，随着饲养密度（牛数/卧床数）从 100% 逐渐增加，则头胎牛的产奶量会损失更多，两者的产奶量差值从 2.72kg 增加至 6.80kg。另外，在围产前期将青年牛与成年母牛混合饲养，当饲养密度（牛数/卧床数）超过 80% 时，在两列牛舍，饲养密度每增加 10% 则头胎牛的每日产奶量可降低 0.73kg，并且该效应会一直持续到产后 83d。患蹄病的奶牛也同样更容易受饲养密度的影响。随着饲养密度（牛数/卧床数）从 100% 逐渐增加至 130%，患蹄病奶牛与健康奶牛每日产奶量的差值会逐渐增加至 11.79kg。

另外，增加饲养密度还会降低奶牛的乳脂率。当饲养密度由 100% 增加至 142% 时，乳脂率降低了 0.2%。饲养密度对体细胞数也有影响，牛奶中的体细胞数会随着饲养密度的增加而上升。这也表明饲养密度可能与乳腺炎之间存在一定的联系。

（三）对繁殖性能的影响

饲养密度对奶牛的繁殖性能存在负面影响。高饲养密度条件下，颈夹数的缺乏可能会影响奶牛的发情鉴定和配种。饲养密度

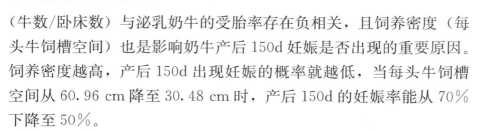

（牛数/卧床数）与泌乳奶牛的受胎率存在负相关，且饲养密度（每头牛饲槽空间）也是影响奶牛产后 150d 妊娠是否出现的重要原因。饲养密度越高，产后 150d 出现妊娠的概率就越低，当每头牛饲槽空间从 60.96 cm 降至 30.48 cm 时，产后 150d 的妊娠率能从 70% 下降至 50%。

（四）对福利与健康的影响

一定程度或短时间内提高饲养密度并不会影响奶牛健康和福利。当饲养密度（牛数/卧床数）提升至 114% 时，奶牛的步态评分和清洁度没有变化，奶牛的乳房和清洁度也没有受到影响。

但是过高的饲养密度可能是引起蹄病的重要因素，若饲养密度超过 100%，则奶牛患飞节损伤和蹄病的风险就会更高。200% 的高饲养密度（牛数/卧床数）与蹄部损伤的风险增加密切相关。若奶牛长期处于高饲养密度状态，则其福利就会受到影响，患蹄病的风险也会增加。这可能是因为高饲养密度使得奶牛站立时间增加，导致蹄部与地面和牛粪的接触时间延长，奶牛蹄部损伤和患蹄病的风险增加。

另外，饲养密度的改变还会影响瘤胃健康并导致代谢疾病的发生。饲养密度增加会加剧奶牛的挑食行为，提高采食速度，降低瘤胃的 pH，并增加奶牛患亚急性瘤胃酸中毒和蹄叶炎的风险。而弱势奶牛因为会采食强势奶牛挑选之后的剩料，所以能量摄入不足，更可能会发生肝脂肪、酮病等代谢方面的疾病。

高饲养密度可能还会增加奶牛的生理应激。增加饲养密度会导致围产期奶牛之间出现竞争，使得奶牛产前血液皮质醇和脱氢表雄酮的分泌量增加。同时，当饲养密度（牛数/卧床数）增加时，青年牛的血浆葡萄糖浓度及粪中皮质醇含量都会更高，这些改变与其生理应激和免疫健康密切相关。而适宜的饲养密度能够削弱因调群给奶牛带来的应激。

综上可知，奶牛有一定的空间需求。当饲养密度过高时，奶牛的躺卧、反刍、采食等行为均会受到影响，不仅降低了奶牛福利，而且会影响瘤胃健康和机体代谢，导致蹄病发生率升高、繁殖率降低等问题。在实际生产中，泌乳奶牛的饲养密度（牛数/卧床数或牛数/颈夹数）应不高于120％，围产期奶牛的饲养密度（牛数/卧床数或牛数/颈夹数）应不高于90％。若超出该范围，则应及时调整。

第三章
奶牛饲养环境影响评价

第一节　温热环境影响评价

准确和快速地对环境影响进行评价是奶牛生产中饲养管理方案制定、牛舍设计及环境控制设备配置的重要依据，也是相关环境控制措施启动的前提。同时，环境影响评价也是奶牛环境生理和环境控制研究的重要内容。目前，奶牛生产的环境影响评价主要通过气象参数、奶牛相关指标和各种环境指数进行，而一些智能化环境控制系统或设备已将上述评价指标进行综合，形成了综合的环境影响评价系统。

一、基于气象参数的环境影响评价

基于气象参数的环境影响评价主要是根据环境因子对奶牛生产和健康的影响，对环境温度、湿度、风速和太阳辐射等气象参数的阈值做出规定，环境温度是使用最广泛、研究最深入的气象参数。

（一）环境温度

用温度评价奶牛环境，主要看其是否超过奶牛的等热区，或是否引起了奶牛的冷应激或热应激。关于奶牛等热区和临界温度的相关内容见本书第二章第一节。尽管温热环境综合作用于奶牛，但其可以作为奶牛冷应激和热应激的判断依据。生产中，当环境温度高于21℃和低于0℃时，就应注意观察牛群，确定其是否遭受热应激或冷应激。犊牛舍的环境温度低于10℃或高于26℃，就需予以关注。另研究认为，当环境最低温度＞14℃或平均温度＞16℃或牛舍温度达到18℃时，就应启动降温措施，以缓解热应激对奶牛的影响。

（二）湿度与风速

湿度和风速对奶牛的影响主要与温度的高低有关，故这两个气象参数很少单独用于环境评价，多与环境温度结合进行。随着湿度的增加，奶牛出现热应激的温度阈值降低。例如，当相对湿度为20％时，热应激出现的阈值为24℃；而当相对湿度为90％，热应激出现的阈值为21℃。高湿环境中，增大气流速度会使奶牛的临界温度上升，如无风环境中奶牛的下限临界温度为－7℃，当风速增大到3.58m/s时下限临界温度上升到9℃。通风可排出舍内湿气，降低高湿对奶牛的不利影响，尤其是在冬季。高温环境中，1.5～2.0m/s的风速几乎可以将高湿的不利影响减小到零。但环境湿度对奶牛体热的蒸发速率和冷却效果的影响很大：低湿环境中，蒸发降温措施的效果可达5℃，但当湿度＞60％时该措施的降温幅度不到0.5℃。故在使用喷淋降温时，及时排出舍内湿热空气非常重要；否则，流动空气的湿度过大会大大降低降温效果。太阳辐射在奶牛环境评价中使用得较少，此处不作叙述。

（三）温热因子的综合

生产中温热因素对奶牛健康和生产力的影响是综合性的，各因

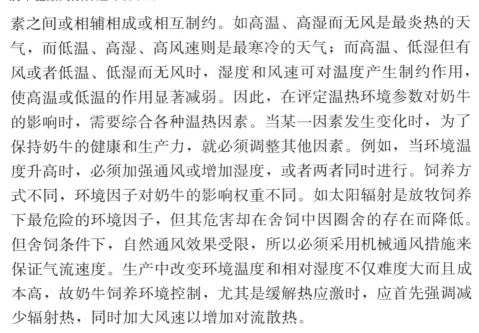

素之间或相辅相成或相互制约。如高温、高湿而无风是最炎热的天气，而低温、高湿、高风速则是最寒冷的天气；而高温、低湿但有风或者低温、低湿而无风时，湿度和风速可对温度产生制约作用，使高温或低温的作用显著减弱。因此，在评定温热环境参数对奶牛的影响时，需要综合各种温热因素。当某一因素发生变化时，为了保持奶牛的健康和生产力，就必须调整其他因素。例如，当环境温度升高时，必须加强通风或增加湿度，或者两者同时进行。饲养方式不同，环境因子对奶牛的影响权重不同。如太阳辐射是放牧饲养下最危险的环境因子，但其危害却在舍饲中因圈舍的存在而降低。但舍饲条件下，自然通风效果受限，所以必须采用机械通风措施来保证气流速度。生产中改变环境温度和相对湿度不仅难度大而且成本高，故奶牛饲养环境控制，尤其是缓解热应激时，应首先强调减少辐射热，同时加大风速以增加对流散热。

二、基于奶牛相关指标的环境影响评价

奶牛自身的一些相关指标，如生理、行为、生产性能、繁殖性能、免疫机能等也可以用于环境影响评价。热应激环境中，奶牛可以通过增加呼吸频率、喘息、饮水、提高出汗速度、降低采食量和泌乳量来散热，行为上的响应包括增加站立时间、寻找阴凉处、降低活动量等。因此，环境对奶牛的影响可以通过测定或监测上述相关指标来评定。

（一）生理指标

1. 体温　体温是环境影响评价中最基本、最常用的生理指标，包括体核温度和体表温度。其中，体核温度是血液、鼓膜、腹膜、直肠、阴道、乳房、牛奶、瘤/网胃的温度，以直肠温度、阴道温度和牛奶温度较为常用。体核温度在环境影响研究中的评价作用有

别于其他生理指标，因为其他生理指标的变化往往是机体维持正常体核温度的策略。直肠温度是评定动物体热平衡状态的首要生理指标，其正常值一般为 38.3～38.7℃。奶牛 39.3℃ 被认为是直肠温度的上限临界温度，高于这一数值则意味着奶牛体温升高，是奶牛遭受热应激、患病或发情的征兆。随着直肠温度的升高，奶牛对干物质的采食量和产奶量降低。阴道温度与直肠温度高度相关，温差很小（0.01～0.1℃），是直肠温度常用的替代指标。阴道温度可以通过将温度记录仪连接在空心的阴道栓上测定，在体温数据的连续测定上更具优势。牛奶温度也可以有效评价奶牛的环境应激，但需要在挤奶器上安装温度探头来准确测定。随着体温连续遥感测定技术的发展，利用瘤胃丸测定的瘤/网胃温度也被用于奶牛环境影响评价。与体核温度相比，体表温度的测定相对容易且无需接触奶牛，尤其是随着红外热成像技术的发展，利用红外照相或摄像设备扫描可获得奶牛全身或某些目标部位的温度。体表温度一般随环境温度的升高而升高，可用于评估热应激或预测体核温度。体表温度与体核温度呈中等相关，并不能完全反映体核温度的变化，但生产条件下，体核温度难以大规模、连续测定。

2. 呼吸频率　加快呼吸频率是动物增加机体散热量的重要手段。奶牛的呼吸频率随环境温度或 THI 的升高而增加，其变化早于其他指标，且基本不存在热滞后现象，被认为是奶牛热应激的早期和可靠反映指标。奶牛呼吸频率数值的差异较大：如等热区内（气温＜25℃ 或 THI＜68），奶牛呼吸频率的基数有报道为 20～30 bpm，也有报道为 30～40 bpm 或 50～60 bpm；而在 THI 为 69～79 和 80～95 的热应激状态下，奶牛的呼吸频率范围分别为 26～61 bpm 和 33～123 bpm。尽管现有热应激分类和文献中多将 60 bpm 作为奶牛发生热应激时的呼吸频率阈值，但该数值是否适宜还有待进一步确定。因为研究发现，当呼吸频率达到 60 bpm 时，按 THI 分类，奶牛已经处于中度或严重热应激状态。我国的

研究人员认为，奶牛热应激发生的呼吸频率临界点为 48 bpm。除直接测定外，奶牛的呼吸频率还可用温热环境因子和产奶量等指标进行估计。需要明确的是，环境条件及奶牛的站卧姿势、泌乳量、泌乳期、被毛颜色等因素都会影响奶牛的呼吸频率，而不同热应激水平下的呼吸频率数值还有待进一步确定。

3. 喘息分数 喘息是热应激状态下机体冷却大脑的有效途径，也是奶牛热应激发生的早期预警指标之一。喘息分数是针对动物的喘息状态进行打分，被认为是动物热负荷状态的可视化指标(a visual indicator)，可以描述动物从无应激（呼吸正常）到严重应激（张嘴且呼吸困难）过程中的呼吸状态变化，并可反映动物的即时呼吸和喘息状态。另外，喘息分数还是呼吸频率和体温的函数，是体温的有效替代指标。奶牛生产中，当有环境黑球温度和相对湿度数据时，可用表 3-1 中的公式预测奶牛群体的平均喘息分数（mean panting score，MPS），并根据预测的 MPS 确定奶牛热应激程度：MPS 为 0～0.4，无应激；MPS 为 0.4～0.8，轻度应激；MPS 为 0.8～12，高度应激；MPS＞1.2，严重应激。也可利用表 3-2 中给出的评定方法评定单头奶牛的喘息分数，然后根据上述划分标准来确定奶牛的热应激程度，或结合喘息分数对应的呼吸频率确定奶牛的热应激程度。目前，一些奶牛智能化设备已将奶牛喘息监测纳入监测系统，作为热应激缓解程度判断的依据之一。

表 3-1 奶牛呼吸频率和喘息分数预测公式

指标	计算公式	资料来源
呼吸频率（RR）	$RR = 3.07 + 0.71 \times T_{db} + 0.011 \times T_{db}^2$	Maia 等（2005）
	$RR = 7.8 + 0.992\,287 \times T_{db} + 0.142\,209 \times RH + 0.013\,354 \times T_{db}^2$	Hernández-Julio 等（2014）
	$RR = 56.28 + (-3.40 + 0.11 \times T_{db} + 0.02 \times RH) \times T_{db} - 0.21 \times RH - 2.82 \times WS + 0.62 \times MY$（此为 6：30～8：00 时段的预测值，12：30～14：00 和 18：30～20：00 的预测值分别低 4.6 bpm 和 10.3 bpm）	Li 等（2020）

（续）

指标	计算公式	资料来源
平均喘息分数 (MPS)	$MPS = \dfrac{1.681\ 813}{\left[1 + e^{-(-8.507\ 49 + 0.206\ 159 \times T_{bg} + 4.088\ 399 \times RH)}\right]}$	Lees 等（2018）

注：T_{db} 为干球温度（℃）；RH 为相对湿度（小数）；MY 为产奶量（kg/d）；T_{bg} 为黑球温度（℃）。

表 3-2　奶牛 4.5 分喘息评定法中的喘息分数及其对应的呼吸状态和
呼吸频率（bpm）

喘息分数	呼吸状态	呼吸频率
0	无喘息	≤60
1	轻微喘息，口闭合，无流涎，胸部运动易见	60～90
2	快速喘息，有流涎，无开口喘息	90～120
2.5	与2相同，但偶尔开口喘息，无舌头外伸现象	90～120
3	大量流涎，开口喘息，颈部延伸，头抬起	120～150
3.5	与3同，但有舌头小幅度外伸或偶尔全部伸出一会儿的现象	120～150
4	张嘴并伴有整个舌头长时间外伸现象，大量流涎，颈部延伸，头抬起	≥160
4.5	与4同，但头下垂，用侧腹部呼吸，流涎可能会停止	变幅可能降低

资料来源：Lees 等（2018）。

4. 其他生理指标　除体温、呼吸频率和喘息分数外，心率、出汗速率、代谢热产量也是常用的奶牛环境生理评价指标。出汗速率有其自身的循环模式，并不呈线性变化。但在炎热、干燥条件下，奶牛的出汗速度要比炎热、潮湿条件下的快。环境变化对心率的影响还不确定，有研究发现当奶牛出现热应激时会导致心率增加，也有研究发现心率降低或降低与升高的情况都有。变化模式的不同可能与热应激程度及持续时间有关。因为热应激最初会增加呼吸频率和心率，但随后会减慢。

（二）行为指标

环境影响评价中常用的行为指标主要包括采食行为、躺卧行为、饮水行为及其他行为指标。

1. 采食行为 采食行为指标中，DMI、采食时间和反刍时间最为常用。降低采食量是奶牛通过降低代谢产热量来适应热应激的机制，一般在热应激发生后的 2d 内就会监测到奶牛的 DMI 降低。采食量降低的同时伴随单次采食时间和总采食时间的减少。尽管热应激期间高产奶牛和妊娠后期奶牛每天的采食频率增加，但低产奶牛和产后奶牛的采食频率降低。热应激期间，奶牛的总反刍时间、日反刍时间和夜反刍时间都减少，但日反刍时间的减少幅度更大。

2. 躺卧行为 热舒适区奶牛每天的躺卧时间约 9h，高者可达 14h。奶牛躺卧时的热累积速度（0.5℃/h）高于站立（0.25℃/h），且站着暴露的体表面积更多，更有利于散热。故高温会降低奶牛的躺卧时间，主要是每次躺卧的时间缩短了。热应激期间，奶牛日总躺卧时间可能会降至 6h，但随着站立时间的延长，奶牛会产生疲劳，在 THI 升高到一定程度后站立时间反而会下降。

3. 饮水行为 饮水行为主要包括饮水量、饮水频率和饮水时间。环境最低温度每升高 1℃，奶牛的饮水量就增加 1.2kg。热应激期间，若没有缓解措施，则奶牛的饮水频率就会一直增加。

4. 其他行为 奶牛在某一区域的逗留时间、舒适或不适迹象可用于评价一些应激缓解措施的效果。与不采取降温措施相比，高温条件下在饲喂区域使用风扇或采取风扇加喷雾降温措施会延长奶牛在该区域的逗留时间。外界的太阳辐射越强，奶牛在阴凉处逗留的时间越长。在有选择的条件下，奶牛在喷淋处的逗留时间会随环境温度的升高而延长，但奶牛一般不愿意把头暴露在水里。喷淋可降低奶牛不适（如踩蹄、甩尾）的出现次数，而缺少遮阳棚时热应激会导致奶牛的攻击性行为增加。热应激期间，奶牛体表的整洁度下降。

三、基于环境指数的环境影响评价

环境指数是最常用的环境影响评价指标，多是用气象参数按一定公式计算得出的一个数值，然后根据动物在不同数值范围内的生产、生理等指标的变化来设定阈值，对环境进行分类。与动物相关影响指标相比，环境影响指标的连续测定或监测更容易实现，而综合了多个气象参数的环境指数也避免了单一气象参数进行环境影响评价的局限性。

目前，适合于奶牛环境影响评价的指数约有 11 种，这些环境影响指数的名称、提出者、计算模型中涉及的气象参数及构建时所参考的指标等信息见表 3-3。总体而言，THI 依然是迄今奶牛生产中使用最为广泛的环境影响评价指标。

表 3-3 奶牛常见环境影响评价指标及其模型中的气象参数、参考指标适合的气候条件

环境影响评价指标	气象参数	参考指标	适合的气候条件	资料来源
温湿指数	温度、湿度	产奶量	热带、温带	Thom（1959）
黑球湿度指数	温度、湿度、太阳辐射	直肠温度、呼吸频率、产奶量	热带、温带	Buffington 等（1981）
等温指数	温度、湿度、风速	产奶量	热带	Baeta 等（1987）
校正温湿指数	温度、湿度、风速、太阳辐射	喘息分数	热带、温带	Mader 等（2006）
热负荷指数	温度、湿度、风速、太阳辐射	呼吸频率、喘息分数、鼓膜温度	热带	Gaughan 等（2008）
综合气候指数	温度、湿度、风速、太阳辐射	干物质采食量	热带、温带	Mader 等（2010）
奶牛热应激指数	温度、风速、热辐射、水汽压	呼吸频率、直肠温度、体表温度	热带	Da Silva 等（2015）
基于可感热的温湿指数	温度、湿度	阴道温度	高温高湿	Berman 等（2016）
奶牛热负荷指数	温度、湿度、风速、太阳辐射	喘息分数、呼吸频率	热带、温带	Lees 等（2018）
等温指数	温度、湿度、风速、太阳辐射及其互作	皮肤温度、阴道温度、呼吸频率	热带、温带	Wang 等（2018）
风冷指数	温度、风速		寒冷	Tucker 等（2007）

（一）THI

THI 源自美国气象局气候学家 Thom（1959）提出的不适指数（discomfort index，DI），最初用以评估人在夏季的不舒适程度，计算公式为：$DI = 0.4 \times (T_{db} + T_{wb}) + 15$ [式中，T_{db}、T_{wb} 分别为干球温度和湿球温度，单位为华氏度（℉）]。由于综合了温度和湿度效应，因此 DI 也被称为 THI。

THI 在奶牛环境评价上的最早应用来自美国密苏里大学的一个团队，他们利用人工气候室评估了 THI 与奶牛产奶量下降、能量消耗量和饮水量之间的关系，并得出了用 THI 估测产奶量降低（M_{dec}）的公式（Berry 等，1964）：M_{dec}（kg/d）= 1.075 − 1.736 M + 0.024 74 $M \times THI$ [式中，M 是奶牛处于等热区时的正常产奶量（kg/d）]。此后，以 THI 为基础大量研究了温热环境尤其是热应激对奶牛生产和健康的影响，确定了基于 THI 的奶牛热应激分类。当以产奶量变化为依据时，奶牛热应激发生的 THI 阈值为 64～72，与生产水平有关。低产奶牛的 THI 多在 72 以下，而高产奶牛的 THI 多在 68 以下。有研究甚至认为，对高产奶牛而言，当环境 THI 达到 65 就应启动热应激缓解措施。生产中对于产奶量＜25kg/d 的奶牛，可以将 72 作为热应激发生的 THI 临界阈值，并按 Armstrong（1994）或《奶牛热应激评价技术规范》（NY/T 2363—2013）中的分类法进行热应激类别划分（表 3-4）；而对于产奶量≥25kg/d 的奶牛，应将 68 或 65 作为热应激发生的 THI 阈值，并按 Renaudeau 等（2012）的分类法进行热应激类别划分（表 3-5）；对于干奶牛和围产期奶牛，建议将 68 的 THI 作为热应激发生阈值。

表 3-4 基于72温湿指数阈值的奶牛热应激分类

温度 (℃)	相对湿度 (%)																				
	0	5	10	15	20	25	30	35	40	45	50	55	60	65	70	75	80	85	90	95	100
22.2																				72	72
22.8																		72	72	73	73
23.3																72	72	73	73	74	74
23.9														72	72	73	73	74	74	75	75
24.4												72	72	73	73	74	74	75	75	76	76
25.0											72	72	73	73	74	74	75	75	76	76	77
25.6										72	73	73	74	74	75	75	76	76	77	77	78
26.1									72	73	73	74	74	75	76	76	77	77	78	78	79
26.7							72	72	73	73	74	75	75	76	76	77	78	78	79	79	80
27.2						72	72	73	73	74	75	75	76	77	77	78	78	79	80	80	81
27.8						72	73	73	74	75	75	76	77	77	78	79	79	80	81	81	82
28.3					72	73	73	74	75	75	76	77	78	78	79	80	80	81	82	82	83
28.9				72	73	73	74	75	75	76	77	78	78	79	80	80	81	82	83	83	84
29.4			72	72	73	74	75	75	76	77	78	78	79	80	81	81	82	83	84	84	85
30.0			72	73	74	74	75	76	77	78	78	79	80	81	81	82	83	84	84	85	86
30.6		72	73	73	74	75	76	77	77	78	79	80	81	81	82	83	84	85	85	86	87
31.1	72	72	73	74	75	76	76	77	78	79	80	81	81	82	83	84	85	86	86	87	88

（续）

温度 （℃）	相对湿度（%）																				
	0	5	10	15	20	25	30	35	40	45	50	55	60	65	70	75	80	85	90	95	100
31.7	72	73	74	75	76	76	77	78	79	80	80	81	82	83	84	85	86	86	87	88	89
32.2	72	73	74	75	76	77	78	79	79	80	81	82	83	84	85	86	86	87	88	89	90
32.8	73	74	75	76	76	77	78	79	80	81	83	83	84	85	86	86	87	88	89	90	91
33.3	73	74	75	76	77	78	79	80	81	82	83	84	85	85	86	87	88	89	90	91	92
33.9	74	75	76	76	77	79	80	80	81	82	83	84	85	86	87	88	89	90	91	92	93
34.4	74	75	76	77	78	79	80	81	82	83	84	84	85	87	88	89	90	91	92	93	94
35.0	75	76	77	78	79	80	81	82	83	84	85	86	86	88	89	90	91	92	93	94	95
35.6	75	76	77	78	79	80	81	82	83	85	86	87	87	89	90	91	92	93	94	95	96
36.1	76	77	78	79	80	81	82	83	84	85	86	87	88	89	91	92	93	94	95	96	97
36.7	76	77	78	79	80	82	83	84	85	86	87	88	89	90	91	93	94	95	96	97	98
37.2	76	78	79	80	81	82	83	84	85	87	88	89	90	91	92	93	94	96	97	98	99
37.8	77	78	79	80	82	83	84	85	86	87	88	90	91	92	93	94	95	97	98	99	
38.3	77	79	80	81	82	83	86	86	87	88	89	90	92	93	96	95	96	97			
38.9	78	79	80	81	83	86	85	86	87	89	90	91	92	95	95	96	97	96			
39.4	78	79	81	82	83	86	86	87	88	89	91	92	94	96	96	97					
40.0	79	80	81	82	86	85	86	88	89	90	91	93	96	95	96	98					
40.6	79	80	82	83	86	86	87	88	89	91	92	93	96	96	97						

（续）

温度(℃)	相对湿度（%）																				
	0	5	10	15	20	25	30	35	40	45	50	55	60	65	70	75	80	85	90	95	100
41.1	80	81	82	86	85	86	88	89	90	91	93	94	95	97	98						
41.7	80	81	83	86	85	87	88	89	91	92	94	95	96	98							
42.2	81	82	83	85	86	87	89	90	92	93	94	96	97								
42.3	81	82	86	85	87	88	89	91	92	94	95	96	98								
43.3	81	83	86	86	87	88	90	91	93	94	96	97									
43.9	82	83	85	86	88	89	91	93	94	95	96	98									
44.4	82	86	85	87	88	90	91	94	94	96	97										
45.0	83	86	86	87	89	90	92	95	95	96	96										
45.4	83	85	86	88	89	91	92	94	96	97											
46.1	86	85	87	88	90	91	94	95	96	98											
46.7	86	86	87	89	90	92	94	95	97												
47.2	85	86	88	89	91	93	94	96	98												
47.3	85	87	88	90	92	93	95	97													
48.3	85	87	89	90	92	94	96	97													
48.9	86	88	89	91	93	94	96	98													
49.4	86	88	90	92	93	95	97														

资料来源：Armstrong（1994）。

注：□，无应激；□，轻度应激；□，中度应激；□，严重应激；■，致死应激。

79

表3-5 基于68温湿指数阈值的奶牛热应激分类

温度 (℃)	相对湿度（%）																				
	0	5	10	15	20	25	30	35	40	45	50	55	60	65	70	75	80	85	90	95	100
22.0	64	65	65	65	66	66	67	67	67	68	68	69	69	69	70	70	70	71	71	72	72
23.0	65	65	66	66	66	67	67	68	68	68	69	69	69	70	71	71	71	72	72	73	73
23.5	65	66	66	67	67	67	68	68	69	69	69	70	70	70	71	72	72	73	73	74	74
24.0	66	66	66	67	68	68	68	69	69	70	70	71	71	71	72	73	73	74	74	75	75
24.5	66	66	67	67	68	69	69	69	70	71	71	72	72	73	73	74	74	75	75	76	76
25.0	67	67	68	68	69	69	70	70	71	71	72	72	73	73	74	74	75	75	76	76	77
25.5	67	68	68	69	69	70	70	71	71	72	73	73	74	74	75	75	76	76	77	77	78
26.0	67	68	69	69	70	70	71	71	72	73	73	74	74	75	76	76	77	77	78	78	79
26.5	68	69	69	70	70	71	72	72	73	73	74	75	75	76	76	77	78	78	79	79	80
27.0	68	69	70	70	71	72	72	73	73	74	75	75	76	77	77	78	78	79	80	80	81
28.0	69	69	70	71	71	72	73	74	74	75	75	76	77	77	78	79	80	80	81	82	82
28.5	69	70	71	71	72	73	73	75	75	75	76	77	78	78	79	80	81	81	82	83	83
29.0	70	70	71	72	73	73	74	75	76	76	77	78	78	79	80	80	81	82	83	83	84
29.5	70	71	72	73	73	74	75	75	76	77	78	78	79	80	81	81	82	83	84	84	85
30.0	71	71	72	73	74	74	75	76	77	78	79	79	80	81	81	82	83	84	84	85	86
30.5	71	72	73	73	74	75	76	77	78	79	80	80	81	81	82	83	84	85	85	86	87
31.0	72	72	73	74	75	76	76	77	78	79	80	81	81	82	83	84	85	86	86	87	88

（续）

温度 （℃）	相对湿度（%）																				
	0	5	10	15	20	25	30	35	40	45	50	55	60	65	70	75	80	85	90	95	100
31.5	72	73	74	75	75	76	77	78	79	80	80	81	82	83	84	85	86	86	87	88	89
32.0	72	73	74	75	76	77	78	79	79	80	81	82	83	84	85	86	86	87	88	89	90
33.0	73	74	75	76	76	77	78	79	80	81	82	83	84	85	86	86	87	88	89	90	91
33.5	73	74	75	76	77	78	79	80	81	82	83	84	85	85	86	87	88	89	90	91	92
34.0	74	75	76	77	78	79	80	80	81	82	83	85	85	86	87	88	89	90	91	92	93
34.5	74	75	76	77	78	79	80	81	82	83	84	86	86	87	88	89	90	91	92	93	94
35.0	75	76	77	78	79	80	81	82	83	84	85	86	87	88	89	90	91	92	93	94	95
35.5	75	76	77	78	79	80	81	82	83	85	86	87	88	89	90	91	92	93	94	95	96
36.0	76	76	78	79	80	81	82	83	84	85	86	87	88	89	90	92	93	94	95	96	97
36.5	76	77	78	79	80	82	83	83	85	86	87	88	89	89	91	92	93	94	95	96	98
37.0	76	77	78	80	81	82	83	84	85	87	88	89	90	90	91	93	94	95	96	98	99
38.0	77	78	79	80	81	83	84	85	86	87	88	90	91	91	92	94	95	96	98	99	100
38.5	77	78	80	81	82	83	84	86	87	88	89	90	92	92	93	95	96	98	99	100	101
39.0	78	79	80	81	83	84	85	86	87	89	90	91	92	94	94	96	97	98	100	101	102
39.5	78	79	81	82	83	84	86	87	88	89	91	92	93	94	95	97	98	99	101	102	103
40.0	79	80	81	83	84	85	86	88	89	90	91	93	94	94	96	98	99	100	101	103	104
40.5	79	80	82	83	84	86	87	88	89	91	92	93	95	96	97	98	100	101	102	103	105

（续）

温度 (℃)	相对湿度（%）																				
	0	5	10	15	20	25	30	35	40	45	50	55	60	65	70	75	80	85	90	95	100
41.0	80	81	82	84	85	87	88	89	90	91	93	94	95	97	98	99	101	102	103	104	106
41.5	80	81	82	84	85	87	88	89	91	92	94	95	96	98	99	100	102	102	104	106	107
42.0	81	82	83	85	86	88	89	90	92	93	94	96	97	98	100	101	103	104	105	107	108
43.0	81	82	84	85	87	89	89	91	92	94	95	96	98	99	101	102	103	105	106	108	109
43.5	81	83	84	86	87	89	90	91	93	94	96	97	99	100	101	103	104	106	107	109	110
44.0	82	83	85	86	88	90	91	92	94	95	96	98	99	101	102	104	105	107	108	110	111
44.5	82	84	85	87	88	90	91	93	94	96	97	99	100	102	103	105	106	108	109	111	112
45.0	83	84	86	87	89	91	92	93	95	96	98	99	101	102	104	105	107	108	110	111	113
45.5	83	85	86	88	89	92	92	94	96	97	99	100	102	103	105	106	108	109	111	112	114
46.0	84	85	87	88	90	92	93	95	96	98	99	101	102	104	106	107	109	110	112	113	115
46.5	84	86	87	89	90	93	94	95	97	98	100	102	103	105	106	108	110	111	113	114	116
47.0	85	86	88	89	91	93	94	96	98	99	101	102	104	106	107	109	111	112	114	115	117
48.0	85	87	88	90	92	94	95	97	98	100	102	103	105	106	108	110	111	113	115	116	118
48.5	85	87	89	90	92	94	96	97	99	101	102	104	106	107	109	111	112	114	116	117	119
49.0	86	88	89	91	93	95	96	98	100	101	103	105	106	108	110	111	113	115	117	118	120

资料来源：Renaudeau 等（2012）。

注：□，无应激；□，轻度应激；□，中度应激；□，严重应激；□，极端应激。

因为湿度可以用湿球温度、露点温度或相对湿度表示，所以THI 有三个计算公式。表 3-6 汇总了温度单位为℉和℃时的 THI 计算公式，也列出了文献中报道的一些 THI 近似公式。计算时，可根据实际运用的气象参数种类和单位选择合适的公式，但近似公式不建议使用，因为其中一些数据的变化原因不明甚至有误。同时，也可根据环境温度和相对湿度数据，直接查表 3-4 或表 3-5，获得对应的 THI 和热应激类别。在配备了降温系统的牛舍中，还可以根据降温强度或降温系统配备情况，用表 3-7 提供的公式计算 THI 的校正值 ΔTHI，然后确定采取降温措施后牛舍的实际 THI。

当关注产奶量以外的指标时，奶牛热应激发生的阈值可能低于上述数值。因为乳脂率、乳蛋白率开始下降的 THI 分别为 50.2 和 65.2，而体细胞评分在 THI 为 57.3 时开始增加。不同泌乳阶段和胎次的奶牛发生热应激的阈值也不同：泌乳后期奶牛乳脂校正乳产量在 THI 高于 60 就开始下降，而以产奶量评估时头胎奶牛发生热应激的阈值高于经产奶牛，但其乳蛋白率却对热应激却更为敏感。因此生产中，应根据实际需要和关注目标来评估奶牛温热环境，确定热应激缓解措施的启动时间。

除日平均 THI 外，还需关注每天最高 THI、最低 THI 及某一 THI 的持续时间。因为 THI 超过 72 或 80 的总时长与产奶量降低的相关程度最高；对于产奶量＞35kg/d 的奶牛，当每天环境的最低 THI 达到或高于 65 或平均 THI 达到 68 的时间超过 17h 时，就需要启动降温措施。还需指出的是，奶牛品种、健康状态、活动水平、站立与躺卧情况，以及舍内有无遮阳、粪污管理情况、被毛长度、地面状况等都会改变热应激发生的阈值和类别，故有必要确定符合本场生产实际的 THI 阈值。

表 3-6　温湿指数（THI）的常见计算公式及出处

类别	序号	计算公式	资料来源
℉计算公式	1	$DI = 0.4 \times (T_{db} + T_{wb}) + 15$	Thom(1959)；NRC (1971)
	2	$THI = 0.55 \times T_{db} + 0.2 \times T_{dp} + 17.5$	Thom(1958)；NRC (1971)
	3	$THI = T_{db} - (0.55 - 0.55 \times RH)(T_{db} - 58)$	NRC (1971)
℃转化公式	4	$THI = 0.72 \times (T_{db} + T_{wb}) + 40.6$	
	5	$THI = [0.55 \times (T_{db} \times 1.8 + 32) + 0.2 \times (T_{dp} \times 1.8 + 32)] + 17.5 = T_{db} + (0.36 \times T_{dp}) + 41.5$	
	6	$THI = (1.8 \times T_{db} + 32) - (0.55 - 0.55 \times RH) \times (1.8 \times T_{db} - 26) = 0.81 \times T_{db} + [(0.99 RH) \times (T_{db} - 14.4)] + 46.3$	
近似公式	7	$THI \approx T_{db} + (0.36 \times T_{dp}) + 41.2$	Oliveira 和 Esmay（1982）
	8	$THI \approx 1.8 \times T_{db} - (1 - RH) \times (T_{db} - 14.3) + 32 \approx (0.8 \times T_{db}) + RH \times (T_{db} - 14.3) + 46.3$	Bouraoui 等（2002）
	9	$THI \approx (0.81 \times T_{db}) + RH \times (T_{db} - 14.4) + 46.4$	Hahn（1999）
	10	$THI \approx (0.8 \times T_{db}) + RH \times (T_{db} - 14.4) + 46.4$	Nienaber 等（1999）

注：T_{db}为干球温度，T_{wb}为湿球温度，T_{dp}为露点温度，RH为相对湿度（小数）。

表 3-7　奶牛场不同降温强度下的 THI 校正值（ΔTHI）计算

降温强度	ΔTHI 计算公式	降温系统
适度	$\Delta THI = -11.06 + (0.25 \times T_{db}) + (2 \times RH)$	风扇或机械通风
高度	$\Delta THI = -17.6 + (0.36 \times T_{db}) + (4 \times RH)$	风扇结合喷淋降温
强烈	$\Delta THI = -11.7 - (0.16 \times T_{db}) + (18 \times RH)$	高压蒸发冷却系统

资料来源：St-Pierre 等（2003）。

注：T_{db}为干球温度（℃），RH为相对湿度（小数）。

　　此外，THI 也可用于奶牛冷应激评估，THI≤38 是奶牛冷应激的发生阈值（徐明等，2015）。

（二）其他热应激评价环境指数

　　长期以来，尽管人们都知道 THI 存在没有包含风速和太阳辐射效应的缺陷，但因温度和湿度对体热交换的影响最大，故通常认为 THI 足以能反映温热环境的总体影响。即便如此，人们还是结合其他气象参数进行了新的环境评估研究，基于这些研究，或者对 THI 进行修订，或者提出了新的热应激评价指数。修订 THI 的指数主要有校正温湿指数（adjusted THI，THI_{adj}）（Mader 等，2006）和基于显热的温湿指数（sensible heat-based THI，THIs）（Berman 等，2016）。前者是利用风速和太阳辐射对 THI 进行了校正；而后者则是针对 THI 中温度效应权重较大（0.82～0.88），在高湿环境下敏感性较低的问题而提出的。THIs 将湿度的相对权重由 0.12～0.18 提高至 0.23～0.25，显著扩大了湿度的影响，故更适合于评估高温高湿环境条件下的奶牛热应激情况。新提出的指数主要有用黑球温度代替了 THI 公式中干球温度的黑球湿度指数（black globe humidity index，BGHI）（Buffington 等，1981）、结合了风速的等效温度指数（equivalent temperature index，ETI）（Baeta 等，1987）、同时考虑了温度、湿度、风速和太阳辐射的热负荷指数（heat load index，HLI）（Gaughan 等，2008）、综合气候指数（comprehensive climate index，CCI）（Mader 等，2010）、奶牛热应激指数（index of thermal stress for cows，ITSC）（Da Silva 等，2015）、奶牛热负荷指数（dairy heat load index，DHLI）（Lees 等，2018），以及气象参数互作效应的牛等效温度指数（equivalent temperature index for cattle，ETIC）（Wang 等，2018）。在这些指数中，HLI、ITSC 和 DHLI 主要基于放牧或半放牧体系建立，更适合于评估太阳辐射强度较强的环境，而 CCI 被证明适合于舍饲奶牛的热应激评估。该指数也是除 THI 外，另一个既可用于热应激评估，也可用于冷应激评估的指数，主要是其建立时涉及的温度范围较宽（−30～45℃）。ETIC 虽然是迄今唯一同时考虑气象参数主效应和互作效应的环境指数，但其评估效果还有待进一步验证。

（三）冷应激评估指数

奶牛冷应激评估指数较少，除前述的 CCI 外，风冷指数（wind chill index，WCI）是另一个冷应激评估指数。WCI 最初由 Siple 和 Charles（1945）建立，用以反映人的寒冷体验和面部的冻伤风险，但认为其并不适用于牛、羊的寒冷环境评估。到 20 世纪 70 年代，WCI 被风冷等效温度或风冷温度（wind chill equivalent temperature or wind chill temperature，WCT）所替代。WCT 是计算所得的无风时的气温，数值上与 WCI 相同，但 WCT 有温度单位℃或℉；而 WCI 为类温度数据，没有单位。早期计算 WCT 是先计算出风冷却力（H），再换算为无风时的 WCT，计算公式如下：

$$H = (\sqrt{100 \times WS} + 10.45 - WS) \times (33 - T_{db}) \times 4.184$$
$$WCT = 33 - H/92.324$$

式中，H 为风冷却力 [kJ/(m³·h)]；WS 为风速（m/s，生产时应注意单位）；T_{db} 为干球温度（℃）。

有报道认为，当 WCT 低于于 −6.8 ℃时，欧洲牛产生冷应激。

鉴于人们对 WCI/WCT 准确性的质疑，美国和加拿大气象部门于 2000 年联合对 WCI/WCT 进行了修订升级，并于 2001 冬季提出了新的 WCI/WCT 指数和分类图。美国国家气象局将新指数称为 WCT 指数（wind chill temperature index），而加拿大环境部则将其称为加拿大 WCI（Canada's wind chill index）。WCT 摄氏度形式的计算公式如下：

$$WCT = 13.12 + 0.6215 \times T_{db} - 11.37 \times WS^{0.16} + 0.3965 \times$$
$$T_{db} \times WS^{0.16}$$

式中，WCT 为风冷温度（℃）；T_{db} 为干球温度（℃）；WS 为风速（km/h，生产应时应注意单位）。

新的 WCI/WCT 指数被认为同样适用于家畜，并被用于 CCI 建立。而基于加拿大 WCI，研究者也提出了一个可用于奶牛冷应激评估的修订公式（Tucker 等，2007）：

$$WCT = 13.12 + 0.6215 \times T_{db} - 13.17 \times WS^{0.16} + 0.396\,5 \times$$
$$T_{db} \times Max(1, WS)^{0.16}$$

应用该公式，不同环境温度和气流速度对应的奶牛风冷温度见表 3-8。目前奶牛上还没有基于 WCI/WCT 的冷应激风险等级。

表 3-8　不同环境温度和气流速度所对应的风冷温度

气流速度 (m/s)	环境温度（℃）												
	−25.0	−22.5	−20.0	−17.5	−15.0	−12.5	−10.0	−7.5	−5.0	−2.5	0.0	2.5	5
0.2	−24.3	−21.8	−19.3	−16.8	−14.3	−11.8	−9.4	−6.9	−4.4	−1.9	0.6	3.1	5.6
0.3	−25.8	−23.2	−20.7	−18.1	−15.6	−13.0	−10.4	−7.9	−5.3	−2.8	−0.2	2.3	4.9
0.4	−26.9	−24.3	−21.7	−19.1	−16.5	−13.9	−11.3	−8.7	−6.1	−3.4	−0.8	1.8	4.4
0.5	−27.8	−25.1	−22.5	−19.8	−17.2	−14.6	−11.9	−9.3	−6.6	−4.0	−1.3	1.3	3.9
0.6	−28.5	−25.9	−23.2	−20.5	−17.8	−15.2	−12.5	−9.8	−7.1	−4.5	−1.8	0.9	3.6
0.7	−29.2	−26.5	−23.8	−21.1	−18.4	−15.7	−13.0	−10.3	−7.6	−4.9	−2.1	0.6	3.3
0.8	−29.8	−27.0	−24.3	−21.6	−18.8	−16.1	−13.4	−10.7	−7.9	−5.2	−2.5	0.2	3.0
0.9	−30.3	−27.5	−24.8	−22.0	−19.3	−16.5	−13.8	−11.0	−8.3	−5.5	−2.8	0.0	2.7
1.0	−30.8	−28.0	−25.2	−22.4	−19.7	−16.9	−14.1	−11.4	−8.6	−5.8	−3.0	−0.3	2.5
1.1	−31.2	−28.4	−25.6	−22.8	−20.0	−17.2	−14.5	−11.7	−8.9	−6.1	−3.3	−0.5	2.3
1.2	−31.6	−28.8	−26.0	−23.2	−20.4	−17.6	−14.8	−11.9	−9.1	−6.3	−3.5	−0.7	2.1
1.3	−32.0	−29.1	−26.3	−23.5	−20.7	−17.9	−15.0	−12.2	−9.4	−6.6	−3.7	−0.9	1.9
1.4	−32.3	−29.5	−26.6	−23.8	−21.0	−18.1	−15.3	−12.5	−9.6	−6.8	−3.9	−1.1	1.7
1.5	−32.6	−29.8	−26.9	−24.1	−21.2	−18.4	−15.5	−12.7	−9.8	−7.0	−4.1	−1.3	1.6

资料来源：Angrecka 和 Herbut（2015）。

注：表中数据用 Tucker 等（2007）报道的公式计算。

第二节　空气环境影响评价

一、温室气体排放影响评价

奶牛生产中，已开展的温室气体排放影响评价既涉及具体生产环节，又涉及整个生产过程或生产体系；既有对单一牛场的评估，又有对多个牛场的比较；既有对某个国家的评估，又有对不同国家

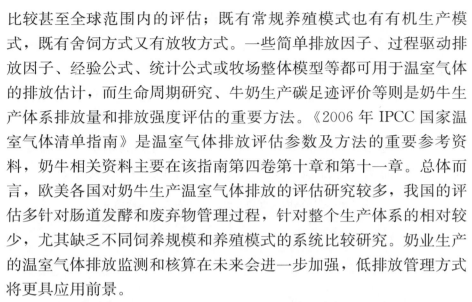

比较甚至全球范围内的评估；既有常规养殖模式也有有机生产模式，既有舍饲方式又有放牧方式。一些简单排放因子、过程驱动排放因子、经验公式、统计公式或牧场整体模型等都可用于温室气体的排放估计，而生命周期研究、牛奶生产碳足迹评价等则是奶牛生产体系排放量和排放强度评估的重要方法。《2006 年 IPCC 国家温室气体清单指南》是温室气体排放评估参数及方法的重要参考资料，奶牛相关资料主要在该指南第四卷第十章和第十一章。总体而言，欧美各国对奶牛生产温室气体排放的评估研究较多，我国的评估多针对肠道发酵和废弃物管理过程，针对整个生产体系的相对较少，尤其缺乏不同饲养规模和养殖模式的系统比较研究。奶业生产的温室气体排放监测和核算在未来会进一步加强，低排放管理方式将更具应用前景。

评估发现，我国每生产 1kg 脂肪蛋白质校正乳的碳足迹为 1.52kg CO_2e（王效琴等，2012），高于欧美国家的 0.69～1.08kg CO_2e，低于全球牛奶生产碳足迹的平均值 2.4kg CO_2e，这可能主要与我国奶牛单产水平低于欧美国家有关。对我国规模化奶牛生产系统分析发现，温室气体排放贡献率最大的是肠道发酵（41.18%），其次为饲料生产加工（24.28%），再次为粪便管理（14.92%）和粪便田间施用（10.25%），最小的是牛场能源消耗（8.74%）（黄文强，2015）。关键排放源分析表明，奶牛生产体系中 87% 的甲烷来自奶牛肠道发酵，饲料生产加工环节中 74% 的排放来自氮肥田间施用和化肥生产环节。N_2O 排放中，氮肥田间施用、粪肥田间施用和粪便管理环节的排放分别占 41%、32% 和 27%；而 CO_2 排放中，能源消耗和饲料加工环节的贡献率分别为 56% 和 44%。

肠道是奶牛场温室气体的最大来源，排放量占牛场总排放量的 45%；粪尿是牛场温室气体的另一大来源，其排放量受牛舍粪污的处理方式、贮存时间和应用等的影响。每天清粪一次或几次的散栏牛舍中，CH_4 和 N_2O 的排放量之和不到总排放量的 5％；而采用漏缝地板或发酵垫床的牛舍中，CH_4 和 N_2O 的排放量之和可达牛场总排放量的 35％。奶牛运动场的温室气体排放量一般不会超过总排放量的 10％。固液分离后的粪污，其温室气体排放量与干物质含量、挥发性固体含量、环境温度及贮存时间有关。一般情况下，液肥和泥肥的排放以 CH_4 为主，但若表面有漂浮层覆盖，则 N_2O 的生成量增加。半固态或固态粪肥贮存环境中排放的主要为 N_2O 和 CO_2，CH_4 产量较低。粪肥施入农田和草场后排放的温室气体主要是 N_2O，每施用 1kg 氮素，则 N_2O 的排放量分别 1.6kg 和 3.1kg。此外，牛舍、粪污贮存场所和农田、草场释放的 NH_3-N 约有 1％ 会转化为 N_2O-N，是 N_2O 重要的间接来源。人为来源 CO_2 的排放量约占牛场总温室气体排放量的 5％。

二、有害气体排放影响评价

（一）NH_3

对牛场 NH_3 排放的评估主要集中在两个方面：其一是测定牛场或牛舍的 NH_3 浓度；其二是确定 NH_3 从粪污进入大气的转移效率。人们已就不同地区、不同奶牛生产方式、不同季节及牛场不同位点空气中的 NH_3 浓度进行了广泛测定，并在研究奶牛生产中 NH_3 排放特点的同时，研究了影响 NH_3 排放的因素及相关减排策略。

测定发现，我国现有奶牛饲养条件下，舍内的 NH_3 浓度一般高于舍外，尤其是在冬、夏两季，这可能与舍内冬季通风量小、夏季温度较高有关。奶牛舍内的 NH_3 浓度多小于 $10mg/m^3$，超过现有标准 $20mg/m^3$ 的情况极少发生。牛舍 NH_3 浓度有一定的昼夜和季节变化特点，一般情况下，白天的浓度高于夜间，春、夏季的浓度高于秋、冬季。但全舍饲牛舍内冬季 NH_3 的浓度最高，其次是春季，夏、秋季浓度最低。奶牛场不同区域气体浓度存在较大差异，粪道区域 NH_3 浓度明显高于其他区域，且泌乳牛舍 NH_3 的浓度大于非泌乳牛舍。同时，奶牛场 NH_3 排放量也有明显的昼夜和季节性特点，白天的排放量约为夜间的 2 倍，而春、夏两季的排放量高于秋、冬季。就排放环节而言，舍内采用实体地面的牛场，NH_3 排放量最大，其次为粪污贮存过程，农田施用的最小；而地面使用了垫料的牛场，粪污贮存环节的排放量最大，其次为牛舍，农田施用的最小。牛舍、粪污贮存点和堆肥点每头奶牛的 NH_3 排放量分别为 36.11 g/d、26.68 g/d 和 21.08 g/d，每头奶牛年均 NH_3 排放量为 83.37 g/d，年排放量为 30.61kg。每头奶牛 NH_3 排放量变异范围很大，为 7.8～213 g/d 或 0.82～250 g/d，平均排放量为 60.1 g/d。环境温度、牛舍类型、舍内通风、地面类型、粪污处理情况、奶牛生产水平、饲粮等因素显著影响奶牛场的 NH_3 排放量。NH_3 排放量随环境温度升高而增加，环境温度每升高 $1℃$，每头奶牛 NH_3 的排放量增加 1.47 g/d；每小时的通风量增加 $100m^3$，则每头奶牛 NH_3 的排放量增加 0.007 g/d，且机械通风牛舍 NH_3 的排放量低于自然通风牛舍。不同类型牛舍 NH_3 的排放量与粪尿在地面的接触和混合程度有关，对粪尿进行分离有利于降低 NH_3 的排放量。开放式牛舍由于尿液在地面的沉积和渗入，因此 NH_3 的排放量是散栏或拴系牛舍的 3 倍还多；散栏式牛舍采用实体地面时 NH_3 的排放量要高于漏缝地面；而拴系式牛舍由于奶牛的活动受限，因此粪尿的混合程度降低，故 NH_3 的排放量最低。增加清粪频率、稀释粪污、减少粪污在露天的堆放时间等都会降低 NH_3 的排放量。奶牛产奶量与 NH_3 的排放量呈负相关关系，产奶量每增加 1kg/d，则 NH_3 的排放量就降低 4.9 g/d。但饲粮蛋白质水平是粪氮和尿氮的来源，蛋白质水平每增加 1 个百分点，则开放式牛舍和散栏/拴系自然通风牛舍每头奶牛的 NH_3 排放量就分别增加 12.7

g/d 和 10.4 g/d。因此，NH_3 减排可从奶牛饲粮、牛舍、粪污贮存等环节着手，给奶牛饲喂低蛋白质饲粮，以及采取粪污酸化、粪污覆盖等都是可用的 NH_3 减排措施。

（二）H_2S

尽管奶牛生产中 H_2S 的产生量并不大，但由于该气体被认为是畜牧生产系统中最危险的气体，能造成动物和人员死亡，故其排放也不可忽视。对开放式奶牛舍的测定发现，舍内 H_2S 的平均浓度为 0.130mg/m^3，全年每头奶牛的 H_2S 平均排放速率为 0.254 g/d。舍内 H_2S 的浓度特点与 NH_3 的类似，即近地面处的浓度大于 1.5m 高处，白天的浓度大于夜晚，泌乳牛舍浓度大于非泌乳牛舍，奶牛场粪道区域的 H_2S 浓度也明显高于其他区域，但料道、牛床和堆粪场的 H_2S 浓度也较高。同时，冬季奶牛圈舍较为封闭时，H_2S 的排放速率与气体浓度之间存在显著相关性。此外，奶牛场 H_2S 的时空分布不仅受温度的影响，还可能受粪尿新鲜程度及生产操作和奶牛活动的影响。奶牛饲粮中硫的含量与牛舍中的 H_2S 浓度呈显著相关性，而用精饲料饲喂的奶牛其粪便中 H_2S 的含量高于用饲草饲喂占比较高的奶牛。

三、颗粒物和微生物影响评价

对奶牛舍内外的粉尘含量和微生物数量的测定表明，粉尘含量为 0.04～0.50mg/m^3，微生物数量为（0.62～7.73）×10^3 个/m^3，舍内均高于舍外，但均低于《畜禽场环境质量标准》（NY/T 388—1999）中关于 TSP≤4mg/m^3 和微生物数量≤20×10^3 个/m^3 的规定，能满足奶牛对健康生产的需求。牛舍内的粉尘含量和微生物数量没有明显的季节性变化特点，而在日变化规律上，早、晚粉尘数量高于中午，而微生物数量晚上和中午高于早晨。这可能与粉尘含量受管理及牛群所处位置等因素的影响较大，不易测到季节性的变化特点，而牛场每天早晚的投料、清扫等饲养和管理活动较多，牛的活动相应也多有关。对不同生产阶段奶牛舍气溶胶微生物环境的监测表明，奶牛舍内 PM2.5、PM10 和 TSP 的值为 0.18mg/m³、0.24～0.26mg/m³、0.28～0.30mg/m³，气载需氧菌浓度为 1 392～3 515 CFU/m³，可吸入气载需氧菌为 583～1 802 CFU/m³，可吸入需氧细菌量占 42.3%～57.2%，气载需氧真菌为 1 751～2 143 CFU/m³，可吸入需氧真菌量占 68.4%～78.9%。大部分测定表明，奶牛舍内外的气载需氧菌或微生物数量低于 $20×10^3$ 个/m³（NY/T 388—1999）的规定，但也有测定牛舍中气载需氧菌数量超标，高达 $4.19×10^5$ CFU/m³。奶牛舍的气载微生物含量与检测时间、建筑类型密切相关，部分奶牛场外的气载微生物含量高于场内。此外，奶牛舍气载需氧菌总数与空气中 PM10 浓度之间存在显著的线性正相关关系，与舍内温度、相对湿度之间也呈显著正相关关系，故改善奶牛舍的空气环境质量需综合考虑环境参数间的相关关系。对颗粒物的分析还发现，牛舍空气环境中的 PM10 浓度明显高于 PM2.5 浓度，且不同牛舍间的 PM10 和 PM2.5 浓度差异显著，大跨度牛舍中 PM10 的浓度明显高于其他类型牛舍。PM10 的季节性较明显，夏季最高、冬季最低，且 PM10 浓度与温度之间表现出显著正相关关系，但与相对湿度之间无显著相关关系。

第三节　饲养密度影响评价

饲养密度一般通过每头奶牛所占的资源数进行计算，由于目前大部分奶牛场采用散栏饲养模式，因此可以通过牛舍平均每个卧床的奶牛数（平均每头奶牛躺卧面积）或平均每头奶牛的饲槽空间（长度、个数）等方式计算。此类指标能够较好地描述牛群饲养密度的情况，反应每头奶牛所拥有的资源数。但目前较为通用的是计算躺卧及采食空间，并不能反应其他一些空间资源及物质资源数，未来评估方法可进一步优化升级，以综合评价牛群所有资源数。

目前国内外没有明确的奶牛饲养密度标准。加拿大家畜护理协会推荐泌乳年牛饲养密度（牛数/卧床数）不高于为120％，理想值为100％（每头奶牛躺卧空间至少为11m²）。饲槽采食空间每头泌乳奶牛最少为60 cm，干奶牛、围产期奶牛每头最少为76 cm。英国动物保护协会建议，对于散栏饲养泌乳期奶牛，其饲养密度（牛数/卧床数）不高于95％，最好为83％～90％，围产期奶牛或初生犊牛的饲养密度（牛数/卧床数）不高于87％。美国《后备奶牛黄金标准》指出，后备奶牛散栏饲养密度（牛数/卧床数）最多为100％。

综合国内外的相关研究试验，推荐生产中饲养密度相关指标值如下：泌乳奶牛饲养密度（牛数/卧床数或牛数/颈夹数）不高于120％，或每头奶牛躺卧后空间至少为9m²，饲槽采食空间泌乳奶牛每头最少为50 cm；围产期奶牛饲养密度（牛数/卧床数或牛数/颈夹数）不高于90％，或每头奶牛的躺卧空间至少为14m²，饲槽采食空间每头泌乳奶牛最少为75 cm。

第四章
奶牛饲养环境控制参数与控制措施

第一节　饲养环境控制参数

一、气象参数

目前不同生产阶段奶牛的等温区范围及最适宜的环境参数尚无统一标准，结合国内外相关文献，建议生产中成年奶牛舍、断奶犊牛舍、哺乳犊牛舍，以及产房温度、相对湿度、气流速度控制参数参考表 4-1。同时，牛舍的换气次数冬季以 4～8 次/h 为宜，夏季以 40～60 次/h 为宜。成年牛舍通风量冬季以 85m³/h 左右为宜，夏季最好在 1 700m³/h 以上，热应激期间最好能达到 2 550m³/h。哺乳犊牛舍冬季和夏季的通风量分别以 25m³/h 和 170m³/h 左右为宜，而断奶犊牛舍则分别为 35m³/h 和 220m³/h。此外，若以牛舍温度为依据，建议将 22℃作为牛舍风扇开启的阈值，25℃作为舍内喷淋系统开启的阈值。

表 4-1　奶牛环境控制气象参数标准

牛舍	温度（℃）			相对湿度（%）	气流速度（m/s）	
	最低	最适	最高		冬季	夏季
成年母牛舍	-5	9～17	21～25	55～75	<0.5	1～2

(续)

牛舍	温度（℃）			相对湿度（%）	气流速度（m/s）	
	最低	最适	最高		冬季	夏季
断奶犊牛舍	4	10～20	25～27	55～75	<0.2	<0.6
哺乳犊牛舍	3～6	15～20	25～27	55～75	<0.2	<0.6
产房	10～12	15	25～27	55～75	0.2	0.5

资料来源：王根林等（2006）；刘继军（2016）；Quintana等（2020）。

二、环境指数和生理指标

当牛场以THI为控制依据时，建议将68作为避免产奶量损失的阈值；若同时关注乳成分，则建议将64的THI作为降温系统启动阈值，热应激程度可参考表3-5。此外，若以CCI、ETIC、直肠温度、呼吸频率、喘息分数、群体平均喘息分数和环境温度为依据确定热应激时，热应激发生的阈值和应激程度可参考表4-2。

表4-2　基于不同环境指数、生理参数和环境温度的奶牛热应激标准

应激类别	[1]CCI	[2]ETIC（℃）	[3]RT（℃）	[4]RR（bpm）	[5]PS	[6]MPS	[7]温度（℃）
无	<25	<18	<39.4	<60	0～1	0～0.4	<22
轻度	25～30	18～20	39.4～39.6	61～75	1～2	0.4～0.8	22～27
中度	30～35	20～25	39.6～40.0	76～85	2～3	0.8～1.2	27～32
严重	35～40	25～31	40.0～41.0	86～119	3～4	≥1.2	32～36
极端	40～45	≥31	>41.0	120～140	4～4.5	—	36～39
危险	≥45	—	—	>141	≥4.5	—	≥40

资料来源：[1]Mader等（2010）；[2]Wang等（2018）；[3]《奶牛热应激评价技术规范》（NY/T 2363—2013）；[4]Renaudeau等（2012）；[5]Gaughan和Mader（2014）；[6]Gaughan等（2008）；[7]徐明等（2015）。

注：表中CCI为综合气候指数，ETIC为牛等效温度指数，RT为直肠温度，RR为呼吸频率，PS为喘息分数，MPS为平均喘息分数，"—"表示无数据。

奶牛冷应激的缓解和预防可参考表4-3，依据CCI、THI或环境温度来确定。

表 4-3　基于 CCI、THI 和环境温度的奶牛冷应激参考标准

应激程度	[1]CCI		[2]THI	[2]温度（℃）
	高敏感	低敏感		
无	＞5	＞0	＞38	0
轻度	0～5	−10～0	25～38	−9～0
中度	5～0	−20～−10	8～25	−18～−9
高度	−10～−5	−30～−20	−12～8	−27～−18
重度	−15～−10	−40～−30	−25～−12	−36～−27
极端	＜−15	＜−40	＜−25	＜−36

资料来源：[1] Mader 等（2010）；[2] 徐明等（2015）。
注：表中 CCI 为综合气候指数，THI 为温湿指数。

三、有害气体标准

我国《畜禽场环境质量标准》（NY/T 388—1999）对养殖场缓冲区、场区和不同奶牛舍区的空气环境质量作出了规定，见表 4-4。

表 4-4　奶牛场气体质量环境控制标准（mg/m³）

项目	氨气	硫化氢	二氧化碳	[1]PM10	[2]TSP	恶臭（稀释倍数）
缓冲区	2	1	380	0.5	1	40
场区	5	2	750	1	2	50
牛舍	20	8	1 500	2	4	70

注：[1]PM10 为可吸入颗粒物，指空气动力学当量直径≤10μm 的颗粒物；[2]TSP 为总悬浮颗粒物，指空气动力学当量直径≤100 μm 的颗粒物。

第二节　饲养环境控制措施

一、防暑降温措施

随着全球气候变暖和极端高温天气频发，热应激已成为奶牛生产面临的严重挑战。2017—2019 年全国各省（自治区、直辖市）相关城市的温、湿度数据分析表明，6—8 月，除西藏、青海、云南省（自治区）外，我国绝大部分省（自治区、直辖市）的平均THI高于68（彩图1），而奶牛存栏量前10位省（自治区、直辖市）的年平均热应激（THI≥68）天数多在60d以上（表4-5）。其中，陕西、河南、山东省更是长达120～140d，南方尤其是广东、广西、海南、福建等省（自治区），奶牛每年有200d以上的时间处于热应激状态（表4-5）。因此，防暑降温或缓解热应激必须引起我国奶牛养殖企业的足够重视，以确保奶牛产奶量、奶牛健康、牛奶质量和牛场经济效益。

表4-5　我国奶牛存栏量前10位省（自治区）2017—2019年年均热应激天数

省 （自治区）	市	热应激 天数 （d）	不同应激程度天数（d）			
			轻度 (68≤THI<72)	中度 (72≤THI<80)	严重 (80≤THI<90)	紧急 (90≤THI<99)
河北	石家庄	66	26	35	5	0
山西	太原	85	36	49	0	0
内蒙古	呼和浩特	42	32	10	0	0
	锡林郭勒盟	45	32	13	0	0
	阿拉善盟	74	43	31	0	0
辽宁	沈阳	87	30	51	5	0
黑龙江	哈尔滨	63	24	37	1	0
山东	济南	133	32	79	22	0
河南	郑州	140	30	81	29	0
陕西	咸阳	118	35	74	9	0
宁夏	银川	74	43	31	0	0
新疆	乌鲁木齐	21	12	9	0	0

资料来源：中国气象数据网、《中国奶业年鉴（2018）》。

（一）奶牛热应激判断

夏季，奶牛远离边墙、在牛舍中央聚集即是环境过热的表现。而奶牛是否遭受热应激及热应激程度，可以通过环境气象参数、动物相关指标和环境指数等加以判断，详见第三章第一节和表4-2。总体而言，当牛舍温度≥22℃、THI≥68，群体中有30％以上的个体

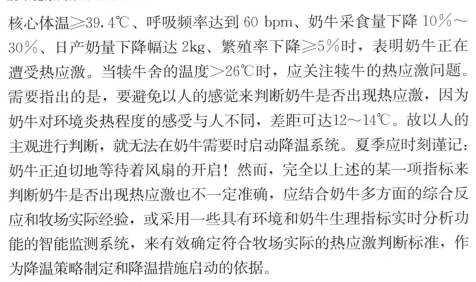

核心体温≥39.4℃、呼吸频率达到 60 bpm、奶牛采食量下降 10％～30％、日产奶量下降幅达 2kg、繁殖率下降≥5％时，表明奶牛正在遭受热应激。当犊牛舍的温度＞26℃时，应关注犊牛的热应激问题。需要指出的是，要避免以人的感觉来判断奶牛是否出现热应激，因为奶牛对环境炎热程度的感受与人不同，差距可达12～14℃。故以人的主观进行判断，就无法在奶牛需要时启动降温系统。夏季应时刻谨记：奶牛正迫切地等待着风扇的开启！然而，完全以上述的某一项指标来判断奶牛是否出现热应激也不一定准确，应结合奶牛多方面的综合反应和牧场实际经验，或采用一些具有环境和奶牛生理指标实时分析功能的智能监测系统，来有效确定符合牧场实际的热应激判断标准，作为降温策略制定和降温措施启动的依据。

（二）防暑降温措施

奶牛的防暑降温可通过隔热和遮阳、加大舍内通风、使用喷雾及喷淋系统、改善饲养管理与营养等措施来进行。

1. 隔热与遮阳　牛场在设计和建设之初，就应注意加强建筑本身的隔热能力。选用隔热性能较好的墙体、屋顶、吊顶材料，在屋顶铺设隔热层，使用反射性较强的浅色和光平面外围护结构等措施都可提高建筑的隔热性能，减少夏季外部热量的传入和辐射。同时，增加屋檐长度，设置遮阳板、遮阳网或在运动场搭建凉棚，都可以有效遮挡阳光，降低太阳辐射强度。良好的绿化也有一定程度的遮阳和防暑效果，可在道路两侧、牛舍周围、场内闲置区域种植草皮、观赏植物和树木。这些植被不仅能够美化环境、净化空气，还可营造凉爽的小气候环境。

2. 加大牛舍通风　加大牛舍通风可以促进奶牛体表的对流和蒸发散热，缓解夏季高温带来的不利影响。同时，通风可以排出舍内多余的水汽、尘埃、微生物和有毒有害气体，在防止牛舍过于潮湿的同时确保了空气质量。加大牛舍通风，可以通过开大牛舍门、窗、侧墙，启用舍内地窗、天窗、通风屋脊等自然通风口来进行，但更重要的是借助机械通风设备及选择合适的通风方式。正压混合通风、负压混合通风、横向负压通风、隧道通风等都是牛场常用的机械通风方式，但不论采用哪种通风方式，都应为奶牛，尤其是休息区的奶牛提供 1～2m/s 的风速。风扇是奶牛场最常用的通风设备，各种通风方式下基本都需配置，一般安装在采食区、休息区、挤奶厅、待挤区及行走通道等处。结合牛舍实际，选择直径适宜的风扇，确保安装方向、间距和角度，并注意风扇使用前的清理和维护，可以提高使用效率和寿命。同时，用湿帘或冷风机对进入牛舍的空气进行降温或冷却，可进一步提高通风防暑效果。

3. 使用喷雾和喷淋系统　　通风的同时结合用水，可进一步提高降温效果。当提高通风不能满足防暑降温的需要时，内陆夏季干燥地区可使用"喷雾＋风扇"或让气流通过蒸发冷却垫来降温。该措施主要是对到达牛体前的气流降温，能起到超过 5℃ 的降温效果，但效果随湿度的增加而降低。当相对湿度＞55％时，上述措施的降温幅度不足 0.5℃，基本无效。此时，"喷淋＋风扇"成为奶牛首选的降温方式，也是目前公认最有效的方式。喷淋降温主要利用喷淋水滴打湿奶牛体表，然后用风扇提供的快速流动空气加快机体蒸发散热速度，实现牛体降温。奶牛汗腺不发达，出汗少，只有打湿皮肤才能达到最佳降温效果。因此，用大的喷淋水滴、在尽可能短的时间内打湿并淋透奶牛体表，并用 1～2m/s 的有效风速快速吹干是喷淋降温的关键。喷淋降温时，要根据奶牛的实际应激程度设置循环模式或喷淋间隔。一般轻度应激可仅开启风扇，或使用风扇结合每 15min 喷淋 30 s 的降温模式；但随着应激程度的增强，喷淋间隔应逐步缩短至 10min、5min 或 3min，必要时喷淋时间也可适当延长。牛体被打湿后，要保证用1～2m/s 的最佳冷却风速尽快吹干，否则喷淋水滴的流动可能会污染乳房，诱发乳腺炎；通过

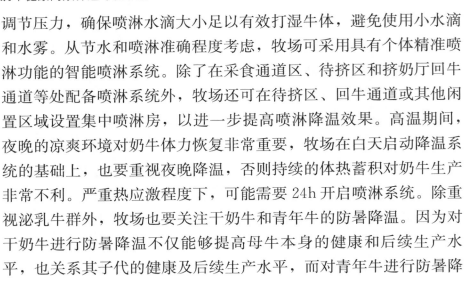

调节压力，确保喷淋水滴大小足以有效打湿牛体，避免使用小水滴和水雾。从节水和喷淋准确程度考虑，牧场可采用具有个体精准喷淋功能的智能喷淋系统。除了在采食通道区、待挤区和挤奶厅回牛通道等处配备喷淋系统外，牧场还可在待挤区、回牛通道或其他闲置区域设置集中喷淋房，以进一步提高喷淋降温效果。高温期间，夜晚的凉爽环境对奶牛体力恢复非常重要，牧场在白天启动降温系统的基础上，也要重视夜晚降温，否则持续的体热蓄积对奶牛生产非常不利。严重热应激程度下，可能需要 24h 开启喷淋系统。除重视泌乳牛群外，牧场也要关注干奶牛和青年牛的防暑降温。因为对干奶牛进行防暑降温不仅能够提高母牛本身的健康和后续生产水平，也关系其子代的健康及后续生产水平，而对青年牛进行防暑降温则有利于改善其繁殖性能。

4. 改善饲养管理与营养　在高温季节，奶牛的饲养管理措施也应作适当调整。例如，调整日粮水平，减少饲养密度，保证充足、清洁、凉爽的饮水；清晨提早饲喂，傍晚推迟饲喂，增加早晚的饲喂量；提前开启挤奶相关区域的风扇和喷淋系统，确保挤奶区和待挤区相对凉爽；增加牛舍清粪、消毒及牛体刷拭次数，保持牛舍和牛体卫生，避免粪污堆积发酵产热和产生不良气味。营养上，首先可提高日粮营养浓度，尤其是增加蛋白质和过瘤胃脂肪的量，保证采食量降低前提下的养分摄入量；其次是改善饲料的适口性，使用优质粗饲料，多补饲一些青绿饲料，选用适口性较好的饲料；最后使用一些具有抗热应激作用的添加剂，如添加酵母培养物、有机铬、碳酸氢钠、碳酸钾、氯化钾、维生素 C、维生素 E 等，以提高奶牛抗热应激的能力。

二、防寒保暖措施

我国奶牛养殖大省主要集中在北方地区，存栏量在前 10 位的省（自治区）均位于东北、西北和华北地区。这些省（自治区），除陕西、河南和山东省的冬季相对不冷外，其他省（自治区）尤其是黑龙江、辽宁、吉林、内蒙古和新疆的冬季都非常漫长和寒冷。尽管奶牛比较耐寒，但在寒冷的季节采取一些防寒保暖措施，为其提供温度适宜的舍内环境，有利于确保奶牛生产和健康。与成年奶牛相比，寒冷地区犊牛的防寒保暖更为重要。

（一）奶牛冷应激判断

与热应激相比，国内外奶牛冷应激的相关信息缺乏，冷应激的判断尚无广泛认可的标准和指标。结合现有资料，建议我国北方冬季干燥、寒冷且风速较大的地区，将0℃的牛舍环境温度或THI≤38作为成年奶牛冷应激发生的阈值，其他地区可将−5℃的牛舍环境温度作为冷应激发生的阈值。犊牛的等温区为15～25℃，其下限临界温度为8～13℃，温度低于10℃可能引起冷应激。故哺乳犊牛舍的温度应保持在16～20℃，断奶犊牛舍的温度应保持在10～20℃。根据2017—2019年全国各省（自治区、直辖市）相关城市11月至翌年1月的平均THI（彩图2），按THI≤38的冷应激阈值，需要注意冬季奶牛的防寒保暖的省（自治区、直辖市）主要有黑龙江、辽宁、吉林、内蒙古、新疆、青海、宁夏、甘肃、河北和天津等。若以THI≤38、环境温度≤0℃或≤−5℃为奶牛冷应激发生的阈值（表4-6），我国奶牛存栏量前10位的省（自治区）除陕西、河南和山东每年的冷应激天数较少外，其余省（自治区）牧场均应注意加强冬季防寒保暖，尤其是黑龙江、辽宁、内蒙古和新疆地区的牧场。

表4-6　我国奶牛存栏量在前10位的省（自治区）2017—2019年年均冷应激天数

省（区）	市	冷应激天数（d）		
		平均THI≤38	平均气温≤0℃	平均气温≤−5℃
河北	石家庄	62	72	18

（续）

省（区）	市	冷应激天数（d）		
		平均 THI≤38	平均气温≤0℃	平均气温≤−5℃
山西	太原	60	77	22
	呼和浩特	106	117	84
内蒙古	锡林郭勒盟	146	153	120
	阿拉善盟	72	84	39
辽宁	沈阳	103	105	72
黑龙江	哈尔滨	125	130	104
山东	济南	23	32	5
河南	郑州	17	17	0
陕西	咸阳	34	34	2
宁夏	银川	72	84	39
新疆	乌鲁木齐	123	122	71

资料来源：中国气象数据网、《中国奶业年鉴（2018）》。

（二）防寒保暖措施

奶牛的防寒保暖应从提升牛舍保温性能、保证饮水温度、确保通风适宜、调整日粮营养和饲养管理等方面采取措施。

1. 提升牛舍保温性能 牛舍保温性能良好是冬季防寒保暖的基础，加强建筑保温设计并采取一些防风防冻措施，可以有效提升牛舍的保温性能。

（1）加强保温设计 设计牛场时，应兼顾防暑降温和防寒保暖的需求，尤其是在北方地区。首先，应对外围护结构材料的保温隔热性能做出要求，根据当地气候特点和圈舍用途，选择合适的建筑材料，确定合理的建造方案。其次，要根据当地冬季的寒冷程度，选择适宜的牛舍类型，确定合理的牛舍朝向和门窗结构。再次，若屋顶有采光带则可对屋顶做保温处理。另外，可使用双重钢窗，也可在舍内设置加热设备，尤其是新生犊牛舍。

（2）防风防冻　对于已建成牛舍，冬季要注意牛舍周围的防风和挡风，尤其要严防贼风侵袭。同时，还要确保卧床舒适，防止冰冷地面导致奶牛受寒或被冻伤。可通过在确保门窗、墙壁和屋顶密封的基础上，用塑料布、棉帘、帆布等封堵进风口和漏风处，或在运动场、挤奶厅等奶牛活动场所设置挡风板或防风墙，以减少寒风侵袭。在牛舍地面和卧床铺设垫草垫料可在提高地面温度的基础上提高奶牛的舒适度，有效降低舍内湿度和氨气浓度。建议冬季多使用一些具有保暖性能的垫料，如锯末、麦秸、稻草、玉米秸和再生牛粪等，但要注意保持卧床垫料疏松，并经常更换，确保其干净、卫生。

2. 保证饮水温度　冬季要避免奶牛直接饮用冰水或冰碴水，否则不仅会加剧寒冷对牛体造成的危害，还容易引发妊娠奶牛流产和犊牛腹泻。因此，应为奶牛提供温水，以减少机体能量消耗及提高饲料利用效率。冬季奶牛的饮水温度不宜低于10℃，泌乳奶牛和妊娠奶牛的饮水温度以15～16℃为宜，犊牛的以35～38℃为宜。牛场可以通过使用自动电热温控饮水池或自动电热饮水槽来实现饮水的温度控制，也可让奶牛饮用经热水器加热后的温水。

3. 确保通风适宜　冬季注意牛舍防寒保暖的同时，也要确保通风适宜，否则会导致牛舍湿度、NH_3浓度过高及空气质量下降，诱发奶牛的呼吸性疾病。冬季通风的主要目的是排出舍内潮湿、污浊的空气，让新鲜空气进入牛舍。通风应注重牛舍空气的新鲜程度，保证空气均匀流通，而不是强调风速。风速过大或直接吹在牛身上，易加重冷应激。自然通风牛舍，可通过调整牛舍本身的通风建筑，如门、窗、侧墙卷帘、通风屋脊等处的开闭来控制通风量，也可通过部分开启舍内风扇、风机等设备来加强通风。北方采用机械通风的牛场，要重视通风系统在冬季的有效性，建设之初就需设计和安装一个在高速和低速通风效率下都能有效运行的通风系统。冬季牛舍通风以中午气温较高时为主，但也要注意早晚应适当换气。

4. 调整日粮营养和饲养管理　冬季应提高奶牛日粮能量水平，适当增加精饲料的喂量，确保粗饲料质量，并在饲料中适当添加一些能提高奶牛免疫力和抗应激能力的维生素及矿物质元素。饲养管理方面，在不影响管理及舍内卫生的前提下，冬季可适当增加饲养密度。适当调整奶牛的运动时间，尽可能在气温较高时让奶牛在舍外活动。奶牛外出后，可打开门窗通风。同时，增加清粪频率，及时清除牛舍和运动场的粪污，降低粪污对舍内温度、湿度和空气质量的影响，避免粪污结冰后对奶牛乳房和肢蹄造成损伤。雪天要及时清理运动场积雪，并在行走通道铺撒沙土或炉灰防滑。此外，冬季全封闭牛舍自然光照可能不足，因此要经常擦拭牛舍窗户玻璃，保证采光充足，必要时应补充人工光照。

三、空气污染物减排措施

颗粒物、微生物和有害气体等都属于牛场污染物。采取适当的措施，减少奶牛空气污染物的产生与排放，对于改善牛场空气质量、保持奶牛健康及减少对环境的污染均具有重要意义。空气污染物减排可以从源头控制和过程控制两方面着手。前者主要是采用营养调控技术，从源头上减少污染气体的产生，如通过科学的日粮配制、合理的添加剂使用等方式降低粪污中 C、N、S 的含量；而后者则主要在环境控制、粪污管理和生产管理等环节采取措施，以减少粪污排出后在清理、贮存和施用过程的排放。

（一）营养调控措施

利用营养学的原理和手段，合理配制日粮，同时利用添加剂和饲粮加工措施尽可能提高饲粮养分的消化率及利用率，减少食入有机物的排出量，可有效减少奶牛粪尿分解产生的 CH_4、CO_2、

NH_3、H_2S 等气体。例如，提高饲粮精粗比、使用优质粗饲料，以及对粗饲料进行氨化、微贮等处理，都可以有效降低 CH_4 的排放量；而采用氨基酸平衡原理和蛋白质利用率提高技术，将日粮粗蛋白质水平降至 $15\%\sim17\%$，完全可在保证奶牛生产性能的前提下降低 NH_3 的排放量。该措施不仅可行，而且经济效益显著。此外，利用营养措施提高日粮 N、P 的利用效率可使生产单位牛奶的 N、P 排泄量减少 $17\%\sim35\%$，而酶制剂、微生物制剂、植物提取物、离子载体、有机酸、精油等均有提高饲粮养分的利用效果。合理使用上述添加剂，也可有效降低奶牛生产过程中污染性气体的排放量。

（二）环境调控措施

主要包括控制环境温湿度、合理通风、过滤空气等。

1. 控制环境温湿度 高温会加速有机物的分解速度，促进有害气体的产生和释放。当舍内温度高于 15℃ 时，温度对于粪污中 NH_3 排放的影响增加，而 CH_4、CO_2 等温室气体的排放量在 25℃ 时达到最大值。空气湿度增加或降水增多均会使得粪便中的含水率增加，N_2O 的排放量减少。夏季高温并伴随降雨时，会增加 CH_4 的排放量。因此，控制牛舍或粪污存放环境的温度能够减少有害气体的排放量。考虑到降温成本，增加牛舍清粪频率、减少牛场粪污的堆放时间，能够有效降低高温季节有害气体的排放。稀释粪污对有害气体减排有效，但会增加污水的排放量，因此需要综合考虑确定是否采用。

2. 合理通风 合理通风对于降低牛舍有害气体和微生物浓度，消除颗粒物、灰尘和异味至关重要。牛舍通风要依据生产实际情况来合理选择和实施，尤其要综合考虑气候、季节、奶牛生产阶段、牛舍类型、圈舍朝向等因素。自然通风方便经济，是牛场首选的通风方式，但随着牛舍密闭性的增强，机械通风的重要性增加。当自然通风不足时，辅助以机械通风可确保自然通风牛舍有最佳的空气质量；而全封闭牛舍的良好通风则有赖于合理的机械通风系统和通风方式。牛舍通风速率和通风量可按本章第一节提供的参数执行。

3. 过滤空气　对于封闭式牛舍，将通风系统与空气过滤系统进行集成，可实现污染气体的过滤和清除。该系统的第一层能够过滤空气粉尘30%，并配备燃气或电力加热系统，可以对从外界进入的空气进行加温，解决冬季冷空气进入牛舍降低舍内温度的问题；也配备了空气降温或蒸汽降温体系，以便对夏季的热空气进行降温；另外，还配备了各种速度的离心风机，以调整外来空气进入舍内的速度和有效排出舍内的有害气体。第二层过滤装置可以实现空气的90%过滤。第三级过滤装置可以实现空气的99.997%过滤。但现阶段，空气过滤装置在我国奶牛生产中的应用还较少。

（三）粪污管理

牛场废弃物厌氧贮存和处理过程中均产生各种温室气体和有害气体，清粪方式、清粪频率，以及粪污贮存状态、堆放高度、堆放面积、表面覆盖和结壳状况都会影响粪污中污染气体的排放。牛舍地面类型不同，有害气体的排放量也不同。实体地面型牛舍由于粪尿在牛舍堆积，且奶牛活动导致粪尿混合程度高，故有害气体的排放量大于漏缝地板的牛舍。地面铺垫料或利用凹槽分离尿液，可显著降低NH_3的排放量。增加清粪频率或减少粪污在牛舍的堆放时间，也可大幅降低牛舍有害气体的浓度。比较发现，水冲方式清粪时CH_4的产量最低；漏缝地板由于粪污贮存过程中的生物降解作用，因而CH_4的产量最高。粪污贮存过程中，固液分离有助于降低污染气体的排放。建沼气池可以回收利用CH_4，避免其直接向大气排放。粪便和污水贮存区使用覆盖物或设置密闭排气及处理系统，可有效减少有害气体的排放量，而粪污酸化可减少 NH_3 的排放量。

（四）其他措施

采取减少饲养密度、勤换垫草垫料、减少垫料翻动次数、避免干扫牛舍或干刷牛体等措施，都可在一定程度上减少牛舍颗粒物、灰尘、微生物和有害气体等污染物的产生。

第五章
奶牛饲养环境控制案例

第一节　奶牛防暑降温案例

热应激严重影响奶牛生产和健康，是夏季我国南方和北方牧场面临的严重挑战。出现热应激时，奶牛呼吸频率增加，喘息情况加重，反刍和躺卧时间减少，采食量降低，产奶量下降，乳成分发生改变，繁殖率降低等，严重影响牧场经济效益。启动风扇和喷淋系统是牧场主要的防暑降温措施，但目前绝大分牧场的降温系统无法实时监测、记录和了解每天不同时间、不同牛群的热应激情况。随着大数据和信息技术的迅猛发展，具备智能监控功能的环境控制设备正在被现代牧场采用。为了方便生产中奶牛精准防暑降温措施的实施，特选择安乐福智能环控系统在牧场的应用作为防暑降温案例，以供参考［本案例的图表和数据均由安乐福（中国）智能科技有限公司提供］。

一、智能环控系统简介

安乐福智能环控系统是将数据监测、精准喷淋、高效通风和微环境策略有机结合在一起的，通过大数据融合与分析，运用物联科技和人工智能决策，实现了"奶牛—环境—设备"的终极连接。同时，通过数据的云端传输和无线通信，实现了环境设备的远程控制。

该系统的功能和特点主要有：第一，具有牛舍环境温湿度监测和奶牛反刍、采食、活动量、喘息等行为监测功能，可以实时捕捉牛舍环境变化，也可以通过项圈感知奶牛的行为变化。基于上述监测数据，系统采用特定的模型算法，综合评估奶牛的热应激水平，形成可操作的高效降温策略，提供环境控制的智慧解决方案，并实时反馈奶牛各项监测指标（视频8）。第二，具有牛舍降温设备智能调控功能（图5-1），尤其是利用视觉感应系统，实现了奶牛个体对喷淋降温单元的精准触发，解决了普通喷淋系统无牛空转问题，做到了精准通风和精准喷淋，形成了宏观大环境控制和精准微环境控制，提升了牧场环境综合控制效率（视频9）。第三，利用手机端APP对环境目标进行预设，能实时监控降温效果，随时查看牛只、环境相关数据及牛舍用水量、用电量等信息，实现了环境的远程控制和全自动化管理（视频10）。

视频8

视频9

视频10

图5-1　安乐福智能环控系统降温设备智能控制界面

二、应用效果展示

（一）对奶牛行为学指标的影响

与普通喷淋降温系统相比，具有精准喷淋和精准通风功能的智能环境系统缓解热应激的效果更好，主要表现在：奶牛的反刍时间、休息时间、采食时间及重喘息程度等各项行为指标均优于两个使用普通喷淋降温的牛群（表5-1），由SCR项圈监测到的反刍、采食、喘息行为实时数据图（彩图3）也显示了同样的结果，尤其是精准喷淋系统明显降低了奶牛的喘息率（图中红色部分）。

表 5-1　普通喷淋系统与智能环控系统下的奶牛行为指标（min/d）

指标	普通喷淋系统1	普通喷淋系统2	智能环控系统
反刍时间	518	515	581
活动量	475	458	431
采食时间	196	194	241
重喘息时间	117	162	72

（二）对产奶量下降的影响

除了改善行为指标外，智能环控系统还加快了奶牛体温的下降速度，提升了个体奶牛的舒适率和采食量，使热应激期间产奶量降幅缩小5%～10%，明显降低了热应激产奶量下降的速度。与使用普通喷淋系统的牛群相比，采用精准喷淋系统时每头奶牛的平均产奶量高出1～3kg/d（图5-2）。

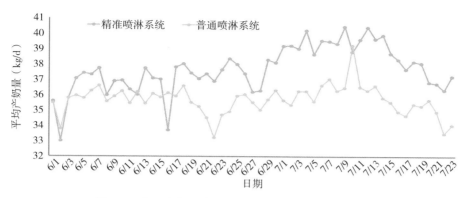

图 5-2　普通喷淋和精准喷淋模式下的奶牛产奶量比较

（三）对牧场用水和用电的影响

使用智能环控系统控制下的精准通风系统和精准喷淋系统，提高了通风和喷淋的精准程度，大幅降低了防暑降温期间的通风时长和喷淋时长（图 5-3），减少了用水量和用电量。与传统手段相比，使用该系统可节水 60% 以上、节电 40% 以上。

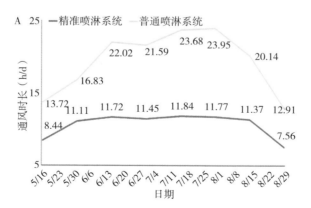

图 5-3 普通喷淋系统和精准喷淋系统下的通风时长（A）和喷淋时长（B）比较

第二节 犊牛防寒保暖案例

视频 11

犊牛是牛场的未来，牧场应重视和关注犊牛饲养。犊牛从出生后至断奶前，特别是 3 日龄内经历从母体内环境到体外环境的巨大变化，体热调节机能不健全，对寒冷的抵御能力较差。此时若遭遇冷应激，则犊牛的生长速度和免疫力受到抑制，患病率和死亡率及饲料消耗和养殖成本都会增加。因此，在天气寒冷时最需要注意犊牛的防寒保暖。为了方便生产中饲养犊牛，本节将犊牛相关防寒保暖措施汇总为一个案例（视频 11），并简单介绍一些犊牛护理与管理措施，以供参考。

一、防寒保暖措施

（一）增强牛舍的密闭性

牛舍密闭是防寒保暖的基础。犊牛出生后的 2～3d 一般在新生犊牛舍或暖房中饲养。为了保暖，新生犊牛舍一般为带门的三面封闭式结构，天气寒冷时还可挂置棉门帘，以防冷风进入舍内。由暖房转出后，犊牛一般饲养于单独栏舍或犊牛岛中。此类圈舍的密封性低于新生犊牛舍，多为左右两侧或三侧封闭，一般前面敞开并与饲喂设施和运动场相连；后面封闭或设一定高度的挡风板，以便在保暖的同时确保通风。同时，单独栏舍也可从大的圈舍中隔离形成，其密闭性取决于大环境。犊牛合群分栏饲养后，圈舍密闭性进一步降低，但需保证满足保暖需求。

（二）配置取暖/通风设施

新生犊牛怕冷，圈舍密闭并不足以保暖，还需配备取暖设备，可用暖气、取暖灯、电暖气或空调取暖。实际生产中，可根据天气冷热情况进行调整，但需确保新生犊牛舍内的温度保持在 15～20℃。其他阶段牛舍一般不配备取暖设备，但需确保舍内温度在 10℃以上。保暖的同时，还需协调通风换气，以去除舍内湿气和污染的空气，确保犊牛健康。新生犊牛舍主要通过适当开关门、窗和换气扇进行通风换气。其他阶段犊牛也主要采用圈舍建筑通风设施结合风扇通风。犊牛舍的换气次数以 4～6 次/h 为宜，风速以 0.2m/s 左右为宜，气流要均匀，严防贼风，避免舍内留有通风死角。在有条件的情况下，可为犊牛舍配置较为先进的正压通风系统，以确保通风换气效果。

（三）其他防寒保暖措施

除加热取暖外，给犊牛躺卧地面铺设干燥、柔软、洁净的长垫草或稻壳，形成草褥，也有助于犊牛保暖。垫草厚度以犊牛躺卧后看不见四肢为宜，一般 2 周左右更换一次。更换时，把旧的垫料清除干净后，打扫并对地面及栏杆进行消毒，等地面通风晾干后再铺上新的垫草。垫草更换应在犊牛转入前和转出圈后进行。分栏饲养犊牛的运动场也应铺设垫草。同时，给刚转出新生牛舍的犊牛穿戴防水棉马甲也可起到很好的保暖作用。而适宜规模的犊牛群饲，也有利于犊牛间相互取暖。此外，保证初乳、常乳及饮水温度，也是重要的防寒保暖手段。初乳、常乳及新生犊牛的饮水温度应保持在38～40℃，而其余阶段犊牛的饮水温度应保持在35℃以上。如视频11所示，可使用具有加热功能的奶桶来保持常乳的温度，使用热水器或自动电热温控饮水池来确保饮水的温度。

二、护理与饲养措施

（一）出生护理及饲喂初乳

犊牛产出之后，应及时清理其口腔、鼻孔周围的黏液并擦干身体。同时，让犊牛在1h内摄取到3～4L经巴氏消毒的优质初乳。饲喂时，应将冷冻贮存的混合初乳水浴解冻并加热至38～40℃后给犊牛灌服。在犊牛喝完第1次初乳后，将其转入新生犊牛舍中。

（二）新生犊牛管理

一般在出生后30min左右，犊牛就会被转入保育舍或暖房中进行单独或小群饲养。转入后，可对犊牛进行脐带消毒和打耳标处理。同时，在犊牛出生后的6～8h和20～24h要进行第2次和第3次初乳饲喂，饲喂量为3～4L。之后每天饲喂3次优质常乳、酸化奶或代乳粉。每次饲喂前，都要对器具进行洗烫、消毒，并确保初乳和常乳温度保持在38～40℃。每天观察犊牛采食初乳和健康状况，如出现腹泻、脱水和肺炎等症状时应及时进行治疗。

（三）分群饲养与断奶

在保育舍饲养 2～3d 后，若犊牛的健康状态和站立行走情况良好，便可将其转移到舍外的犊牛岛或牛栏中进行单独饲养。若舍外温度较低或犊牛体况恢复不佳，则可适当延长其在保育舍的饲养时间。单独饲养 7d 左右，可将 5～8 头犊牛合并成小群饲养，30d 左右可进一步合群。是否合群及如何合群取决于牛场圈舍的实际情况，条件许可时也可单独饲养至断奶再合群。犊牛一般在 2 个月龄左右断奶，然后合并进行大群饲养。不论何时转群合群，都应注意减少犊牛应激，如避免冬季在早、晚转群，犊牛刚刚饲喂完也尽可能不要转群，而是饲喂结束 1～2h 后再开始转群。同时，从 3 日龄开始，就可以逐步给犊牛补饲开食料和燕麦草等优质粗饲料，以刺激胃肠道的发育。

第三节　牛场氨气减排案例

有害气体减排已成为未来奶牛生产中必须加以考虑问题，牛场有害气体减排应从饲料、牛舍、粪污贮存、管理及施用等环节着手。为了方便牛场相关减排措施的实施，本节特提供一个奶牛 NH_3 减排措施比较研究案例，以供参考。本案例摘自 Zhang 等（2019）。

一、减排措施

为比较不同 NH_3 减排措施的效果和实施效益，在我国典型奶牛生产条件下，以不采取任何减排措施为对照，表 5-2 列出了使用低蛋白质饲粮及采取粪污酸化、覆盖、固肥压实、覆盖等措施的不同组合共 11 种减排措施的实施情况。其中，与粪污酸化、覆盖及固肥压实覆盖措施的相关实施设备见图 5-4（各措施的效果评估基于我国 2015 年的奶牛生产规模）。

表 5-2　案例中奶牛场的 NH₃ 减排措施

减排措施	针对环节	措施描述
低蛋白质饲粮	饲粮	在不影响生产性能的前提下，将饲粮粗蛋白质水平从 17% 降至 15%
粪污酸化	牛舍	假设牛舍使用漏缝地面，向粪污喷洒稀硫酸（1∶100）可形成厚约 3mm 的酸化层。每栋牛舍需配拌设备 2 台，用以稀释硫酸；洒水设备 4 台，用于喷洒稀硫酸（图 5-4A）
泥肥覆盖		粪污贮存过程中，泥肥用 6 cm 厚的蛭石覆盖。该系统包括底部有网筛的 U 形螺旋输送机，可安装在蓄污池边缘的轨道上（图 5-4B）
覆盖＋酸化（泥肥）		泥肥在贮存过程中，用 6 cm 厚的蛭石和乳酸混合物（混合物中蛭石和乳酸的体积比为 1∶5）覆盖，用混合机混合（图 5-5B）
覆盖（液肥）		同泥肥的覆盖法
覆盖＋酸化（液肥）	粪污贮存	同泥肥覆盖＋酸化措施
塑料膜覆盖（固肥）		固体粪肥在贮存过程中用塑料膜覆盖（图 5-4C）
粪肥压实（固肥）		固体粪肥用压路机压实（图 5-4C），使其体积减半
压实＋液肥覆盖		为减少压实中液体渗漏造成的排放，对固粪压实后液肥采用覆盖法
压实＋液肥覆盖＋酸化		压实后对液肥进行覆盖加酸化处理
综合措施	饲粮、牛舍、贮存	综合饲粮调控、粪污酸化和液肥覆盖措施

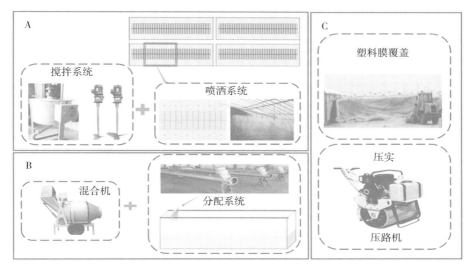

图 5-4　牛舍粪污酸化系统（A）、蛭石覆盖系统（B）和塑料膜覆盖
压实固肥系统（C）示意图
（资料来源：Zhang 等，2019）

二、减排效果

实施不同措施后 NH_3 的减排效果（图 5-5A）显示，除粪污压实外，其他措施均有降低 NH_3 排放量的效果，减排幅度在 4%～49%。就减排潜力而言，粪污酸化最大，其次为低蛋白质饲粮，各种减排措施每年的减排潜力在 0.88～142 Gg。各减排措施的实施成本（图 5-5B），就每头奶牛每年的减排投入而言，覆盖并酸化泥肥的投入最大，其次为粪污压实＋覆盖并酸化液肥措施，而饲喂低蛋白质饲粮时每头奶牛每年可节约 80 美元左右，是唯一净盈利措施；而每千克 NH_3 减排成本从节约 15 美元到需要额外投入 45 美元。按 2015 年的奶牛存栏情况计算，若全国范围内实施各项减排措施，则减排量可达 0.8～222 Gg，实施效益为每年节省 15 亿美元或需要增加相近的额外投入（图 5-6）。

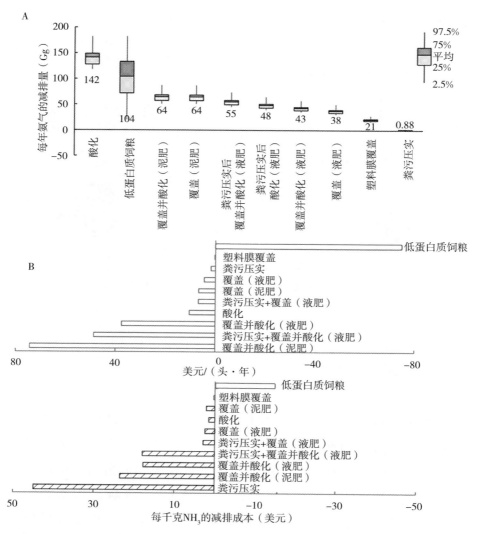

图 5-5　不同减排措施的 NH_3 减排效果（A）和实施成本（B）（"▨"为每头奶牛每年的成本，"▢"为每千克 NH_3 的减排成本）

（资料来源：Zhang 等，2019）

　　各种措施都有一定的减排效应。其中，粪污酸化和优化的低蛋白质饲粮分别是效果最好和最经济的 NH_3 减排措施，但固肥压实和塑料薄膜覆盖措施的减排效果相对较小。

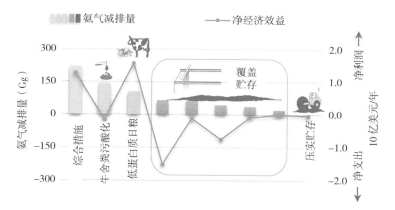

图 5-6　2015 年全国奶牛生产中实施各 NH_3 减排措施可产生的减排效
果和经济效益

（资料来源：Zhang 等，2019）

第四节　奶牛福利控制案例

良好的福利对于确保奶牛健康和生产至关重要。但实际生产
中，总有一些不到位的地方会影响奶牛福利。基于此，本节集合了
生产中一些影响奶牛福利的常见问题，形成奶牛福利控制案例，并
提出对应解决建议，以供参考。

一、饲槽采食与奶牛福利

如视频 12 所示，新鲜饲料投放后强势奶牛占据颈夹采食，弱
势奶牛无法采食饲料，只好最后离开饲槽。在躺卧时亦是如此，视频
13 中卧床已全被强势奶牛占据，而弱势奶牛则在旁站立等待卧床空出。

视频 12

视频 13

造成以上现象的原因为泌乳牛舍饲养密度过大。实测该牛舍每圈饲养 100 头泌乳牛（67 头成年母牛、33 头头胎牛），每个牛圈配有 70 个卧床、70 个颈夹，每个牛圈饲养密度（牛数/卧床数或牛数/颈夹数）为 143％。

针对以上问题，现给出以下建议：将每圈的奶牛头数从 100 头调整至 70 头（47 头成年母牛、23 头头胎牛），调整后的牛圈其他条件同原圈相同，配有 70 个卧床、70 个颈夹。经调整后，每个牛圈的饲养密度（牛数/卧床数或牛数/颈夹数）为 100％，满足前述泌乳牛的饲养密度不高于 120％ 的标准，调整后较为理想。

二、卧床数量与奶牛福利

如图 5-7 所示，左侧单排卧床躺卧的奶牛数量较少，部分奶牛站立等待空余双排卧床。以上情况会减少奶牛躺卧时间，影响奶牛福利。

图 5-7 单排卧床奶牛躺卧数量少

经实际测量，造成以上现象的原因可能有两个：一是图中左侧卧床缺乏前冲空间，这样会影响奶牛的躺卧和起立行为，导致奶牛不愿在此排卧床上躺卧。二是图中左侧单排卧床位置实测THI 为 75.91，高于热应激临界值 68，奶牛在此躺卧会出现轻度热应激现象，影响奶牛福利。图中右侧双排卧床上方设置风扇，能够缓解热应激，因此奶牛更倾向于在右侧卧床躺卧。

针对以上两个问题，现在给出以下两个建议：一是在图中左侧单排卧床前方设置 0.75～1m 的缓冲空间，以满足奶牛起立和躺卧的需要。二是在卧床上方设置遮阳或风扇等降温措施，缓解热应激对奶牛的影响，使奶牛更愿意在这部分卧床躺卧，保障其福利。

三、饮水与奶牛福利

视频 14 中过道处大量奶牛在左侧水槽聚集饮水，而奶牛无法在右侧水槽饮水，福利没有得到保障。

造成以上现象的原因为牛舍内有效水槽数量过少，且视频中右侧水槽上方设有金属杆，奶牛无法在此饮水。因此，奶牛在左侧水槽聚集，导致平均饮水空间过小。

视频 14

针对以上问题，现给出以下建议：将右侧水槽上方金属杆移除，使得奶牛均能够在过道两侧水槽饮水。若仍出现奶牛聚集饮水而导致部分奶牛无法正常饮水的情况，则增加水槽个数，保证泌乳牛舍饮水槽的有效饮水长度为每头牛至少 0.1m。

四、刻板行为与奶牛福利

如视频 15 所示，奶牛一直在舔舐栏杆，存在刻板行为。这会干扰奶牛正常的采食、反刍和躺卧行为，对奶牛健康和福利产生一定影响。

121

　　造成以上现象可能有以下两方面的原因：一是日粮中粗饲料比例较低，影响奶牛反刍和部分营养物质的摄入。二是牛舍饲养密度过大，奶牛无法进行正常饮水采食。

　　针对以上问题，现给出以下三个建议：一是在牛舍设置舔砖，满足奶牛对矿物质营养素及天性行为的需求。二是在日粮中增加粗饲料比例，促进奶牛反刍，保证反刍时间。三是减少饲养密度，使奶牛能够正常进行各种行为，保障其福利。

视频 15

主要参考文献

杜金，2012. 规模奶牛场粪污处理系统[J].中国乳业（12）：32-33.

黄文强，2015. 规模化养殖场牛奶生产碳足迹评估方法与案例分析［D］.北京：中国农业科学院.

刘继军，2016. 家畜环境卫生学［M］.北京：中国农业出版社.

彭英霞，李俊卫，张晓文，等，2020. 奶牛场粪污循环利用工艺模式及设计要点［J］.黑龙江畜牧兽医（15）：61-66.

王根林，2006. 养牛学［M］.北京：中国农业出版社.

王效琴，梁东丽，王旭东，等，2012. 运用生命周期评价方法评估奶牛养殖系统温室气体排放量[J].农业工程学报，28（13）：179-184.

徐明，吴淑云，黄常宝，等，2015. 呼和浩特地区牛舍内温湿度变化规律和奶牛冷热应激判定[J].家畜生态学报，36（2）：54-60.

颜培实，李如治，2011. 家畜环境卫生学［M］.北京：高等教育出版社.

杨敦启，李胜利，曹志军，等，2009. 奶牛福利让奶牛业增产增收[J].中国奶牛（2）：2-5.

Angrecka S，Herbut P，2015. Conditions for cold stress development in dairy cattle kept in free stall barn during severe frosts［J］.Czech Journal of Animal Science，60（2）：81-87.

Armstrong D V，1994. Heat stress interaction with shade and cooling［J］.Journal of Dairy Science，77（7）：2044-2050.

Berman A，Horovitz T，Kaim M，et al，2016. A comparison of THI indices leads to a sensible heat-based heat stress index for shaded cattle that aligns temperature and humidity stress［J］.International Journal of Biometeorology，60（10）：1453-1462.

Berry I L，Shanklin M D，Johnson H D，1964. Dairy shelter design based on milk production decline as affected by temperature and humidity［J］.Transactions of the ASAE，7（3）：329-331.

Bouraoui R，Lahmar M，Majdoub A，et al，2002. The relationship of temperature-humidity index with milk production of dairy cows in a Mediterranean climate［J］.

Animal Research, 51 (6): 479-491.

Buffington D E, Collazo-Arocho A, Canton G, et al, 1981. Black globe-humidity index (BGHI) as comfort equation for dairy cows [J]. Transactions of the ASAE, 24 (3): 711-714.

Da Silva R G, Maia A S C, de Macedo Costa L L, 2015. Index of thermal stress for cows (ITSC) under high solar radiation in tropical environments [J]. International Journal of Biometeorology, 59 (5): 551-559.

Gaughan J B, Mader T L, 2014. Body temperature and respiratory dynamics in un-shaded beef cattle [J]. International Journal of Biometeorology, 58 (7): 1443-1450.

Gaughan J B, Mader T L, Holt S M, et al, 2008. A new heat load index for feedlot cattle [J]. Journal of Animal Science, 86 (1): 226-234.

Hahn G L, 1999. Dynamic responses of cattle to thermal heat loads [J]. Journal of Animal Science, 77 (Suppl. 2): 10-20.

Hernández-Julio Y, Yanagi, Pires D, et al, 2014. Models for prediction of physiological responses of Holstein dairy cows [J]. Applied Artificial Intelligence, 28 (8): 766-792.

Lees J C, Lees A M, Gaughan J B, 2018. Developing a heat load index for lactating dairy cows. [J]. Animal Production Science, 58 (8): 1387-1391.

Li G, Chen S, Chen J, et al, 2020. Predicting rectal temperature and respiration rate responses in lactating dairy cows exposed to heat stress [J]. Journal of Dairy Science, 103 (6): 5466-5484.

Mader T L, Davis M S, Brown-Brandl T, 2006. Environmental factors influencing heat stress in feedlot cattle [J]. Journal of Animal Science, 84 (3): 712-719.

Mader T L, Johnson L J, Gaughan J B, 2010. A comprehensive index for assessing environmental stress in animals [J]. Journal of Animal Science, 88 (6): 2153-2165.

Maia A S C, Gomes D R, Battiston L C M, 2005. Respiratory heat loss of Holstein cows in a tropical environment [J]. International Journal of Biometeorology, 49 (5): 332-336.

Nienaber J A, Hahn G L, Eigenberg R A, 1999. Quantifying livestock responses for heat stress management: a review [J]. International Journal of Biometeorology, 42 (4): 183-188.

Oliveira J L，Esmay M L，1982. Systems model analysis of hot weather housing for livestock［J］. Transactions of the ASAE，25（5）：1355-1359.

Quintana R Á，seseña S，Garzón A，et al，2020. Factors affecting levels of airborne bacteria in dairy farms：a review［J］. Animals，10（3）：526.

Renaudeau D，Collin A，Yahav S，et al，2012. Adaptation to hot climate and strategies to alleviate heat stress in livestock production［J］. Animal，6（5）：707-728.

Rotz C A，2018. Modeling greenhouse gas emissions from dairy farms［J］. Journal of Dairy Science，101（7）：6675-6690.

Siple P A，Charles C F，1945. Measurements of dry atmospheric cooling in subfreezing temperatures［J］. Proceedings of the American Philosophical Society，89（1）：177-199.

St-Pierre N R，Cobanov B，Schnitkey G，2003. Economic losses from heat stress by US livestock industries［J］. Journal of Dairy Science，86（Suppl.）：52-77.

Thom E C，1958. Cooling degree days［J］. Air Conditioning，Heating and Ventilation，55（7）：65-72.

Thom E C，1959. The discomfort index［J］. Weatherwise，12（2）：57-61.

Tucker C B，Rogers A R，Verkerk G A，et al，2007. Effects of shelter and body condition on the behaviour and physiology of dairy cattle in winter［J］. Applied Animal Behaviour Science，105（1/3）：1-13.

Von Keyserlingk M，Rushen J，de Passillé A M，et al，2009. Invited review：the welfare of dairy cattle—Key concepts and the role of science［J］. Journal of Dairy Science，92（9）：4101-4111.

Wang X，Gao H，Gebremedhin K G，et al，2018. A predictive model of equivalent temperature index for dairy cattle（ETIC）［J］. Journal of Thermal Biology，76：165-170.

Zhang N，Bai Z，Winiwarter W，et al，2019. Reducing ammonia emissions from dairy cattle production via cost-effective manure management techniques in China［J］. Environmental Science and Technology，53（20）：11840-11848.

图书在版编目（CIP）数据

奶牛健康高效养殖环境手册 / 孙小琴，顾宪红，赵辛主编 . —北京：中国农业出版社，2021.6（2022.9重印）
（畜禽健康高效养殖环境手册）
ISBN 978-7-109-28651-1

Ⅰ.①奶…　Ⅱ.①孙…　②顾…　③赵…　Ⅲ.①乳牛－饲养管理－手册　Ⅳ.①S823.9-62

中国版本图书馆 CIP 数据核字（2021）第 158086 号

中国农业出版社出版
地址：北京市朝阳区麦子店街 18 号楼
邮编：100125
策划编辑：周晓艳　王森鹤
责任编辑：周晓艳
数字编辑：李沂航
版式设计：杜　然　责任校对：刘丽香
印刷：北京通州皇家印刷厂
版次：2021 年 6 月第 1 版
印次：2022 年 9 月北京第 2 次印刷
发行：新华书店北京发行所
开本：700mm×1000mm　1/16
印张：9.25　　插页：1
字数：140 千字
定价：48.00 元

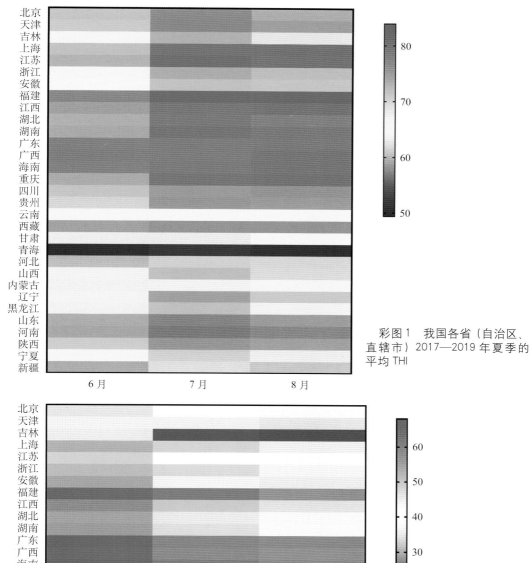

北京
天津
吉林
上海
江苏
浙江
安徽
福建
江西
湖北
湖南
广东
广西
海南
重庆
四川
贵州
云南
西藏
甘肃
青海
河北
山西
内蒙古
辽宁
黑龙江
山东
河南
陕西
宁夏
新疆

6 月　　　　　7 月　　　　　8 月

彩图 1　我国各省（自治区、直辖市）2017—2019 年夏季的平均 THI

北京
天津
吉林
上海
江苏
浙江
安徽
福建
江西
湖北
湖南
广东
广西
海南
重庆
四川
贵州
云南
西藏
甘肃
青海
河北
山西
内蒙古
辽宁
黑龙江
山东
河南
陕西
宁夏
新疆

11 月　　　　　12 月　　　　　1 月

彩图 2　我国各省（自治区、直辖市）2017—2019 年冬季的平均 THI

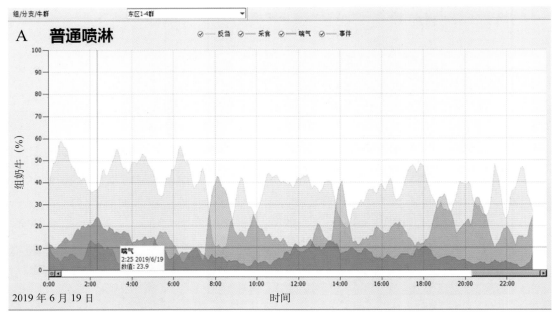

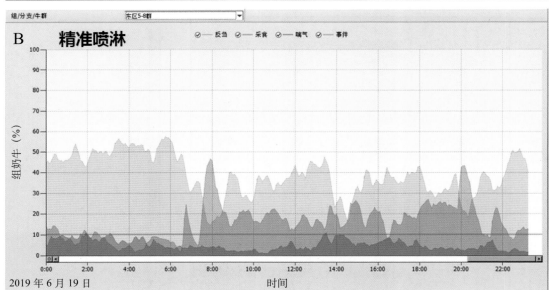

彩图 3　普通喷淋（A）和精准喷淋模式（B）下的奶牛行为指标